Helmut G. Hofmann

Opale – Schätze aus roter Erde

Auf Opalsuche in Australien

FSC
www.fsc.org
MIX
Papier aus verantwortungsvollen Quellen
Paper from responsible sources
FSC® C105338

Bibliografische Information der Deutschen Nationalbibliothek
Die Deutsche Nationalbibliothek verzeichnet diese Publikation in der Deutschen Nationalbibliografie; detaillierte bibliografische Daten sind im Internet über < http://dnb.d-nb.de > abrufbar.

Umschlagdesign, Satz, Herstellung und Verlag: Books on Demand GmbH, Norderstedt
ISBN 978-3-8370-2259-9

Für
Cornelia, Simon, Karin, Rick, Paul,
und die Miner von Lightning Ridge

Inhaltsverzeichnis

Einführung

Ein kleines ABC des Opals

Der Name Opal stammt aus dem Griechischen (*opállios* = Stein mit wechselnder Farbe) und Lateinischen (*opalus* = Stein aus Teilen), und im Sanskrit bedeutet *úpala* „Edelstein". Schon die Römer liebten den Opal, den sie nach historischen Quellen wahrscheinlich aus den Bergen von Ungarn und der Slowakei bekamen. Er wurde von ihnen sogar mehr als der Diamant geschätzt, und sie verwendeten ihn als Glücksbringer, Talisman und Stein der Liebe. Marc Antonius (83–30 v. Chr.) verlangte von seinem Senator Nonius einen Opalring, den er der schönen Cleopatra schenken wollte. Aber der Senator floh lieber, als sich von seinem Opal zu trennen. Plinius (23–79 n. Chr.) sagte über den Opal: „Er hat das Feuer des Karfunkels (damals Rubin oder Granat), das satte Purpur des Amethysts, das prächtige Meergrün des Smaragds, das goldene Gelb des Topas, das tiefe Blau des Saphirs, so dass alle Farben in wunderbarer Mischung zusammen glänzen." Und „wer ist so vermessen zu behaupten, so viele Tugenden zu besitzen, wie der Opal Farben zeigt?"

In Europa wurde der Opal lange Zeit als magischer Stein angesehen, der unter anderem für Augenleiden eingesetzt wurde. Viele Herrscher, etwa Napoleon und Königin Victoria, um nur einige zu nennen, liebten Opale.

Die australischen Aborigines schätzen die Schönheit und Energie des Opals schon seit der Traumzeit. Sie nannten ihn „Stein der tausend Lichter" oder auch die „Regenbogenschlange". Sie glaubten, der Schöpfer habe die Farben des Regenbogens in Stein gegeben und so den Opal geschaffen, um damit der Erde eine Botschaft des Friedens zu geben.

Boulder-Opal mit Regenbogenschlange und anderen Tieren, in Silber gearbeitet

Der Opal wurde zuerst im Jahr 1985 von Südaustralien und 1993 dann von ganz Australien zum *Nationalen Edelstein* erklärt.

Opale werden wohl auch in Brasilien, Ecuador, Mexiko, Peru und USA in vulkanischem Gestein gefunden, wirtschaftlich bedeutend sind heute eigentlich nur die sedimentären Opale, die aus der roten Erde Australiens kommen. Dort wurden sie in der Jura- und Kreidezeit in den damaligen Meeresböden abgelagert.

Australien – dieses unendlich weite Land mit seinen endlosen Küstenlinien und der Einsamkeit des Outback hat mich schon lange angezogen. Und dann die Opale ... So stehen im Mittelpunkt des vorliegenden Buches – und meiner persönlichen Opalsuche und Faszination mit diesem Stein – die Opalvorkommen Australiens. In Down Under wurde der Opal zum nationalen Edelstein erkoren, denn Australien beliefert zu über 95 % den Weltmarkt mit Opalen. Helle Opale und Kristall-Opale werden vor allem im Süden Australiens, und zwar in Andamooka, Coober Pedy, Mintabie, Lambina und White Cliffs (NSW) gefunden. Die schwarzen Opale sind die Besonderheit von Lightning Ridge (NSW), und der Boulder-Opal kommt u.a. aus Gegenden in Queensland, wie Koroit, Opalton, Quilpie, Tompine, Winton und Yowah.

Landkarte der Opal-Fundorte in Australien

An welchen anderen Orten der Welt werden Opale gefunden, und wer sind die Abnehmer dieses edlen Steins in seiner vielfältigen Erscheinungsform? Zum Einstieg hier ein paar interessante Informationen:

Äthiopien: In Zentral-Äthiopien und der Provinz Shewa werden weiße, braune, orange und rote Opale gefunden, die in Kugelform vorkommen. Sie werden auch als *thundereggs* (dt. Donner-Eier) bezeichnet.

Brasilien: Vor allem in Piaui, einem Bundesstaat im Nordosten Brasiliens, wurde in den 70-er und nochmals in den 90-er Jahren Edelopal abgebaut. Jetzt wird nur noch über vereinzelte

Funde berichtet. Orangefarbene und rote Opale kommen aus dem Gebiet von Campos Borges.

Deutschland: Hier wurden früher im Erzgebirge Opale gefunden, und zwar schon ab 1671, in Sachsen dann um 1783.

Idar-Oberstein und Kirschweiler sind heute noch für das Schleifen von Opalen und den Handel mit diesen Steinen bekannt.

Honduras: Die hier gefundenen Opale erinnern an die mexikanischen Feuer-Opale (Gracias, Westhonduras). Aber auch schwarzer Opalmatrix kommt vor (Erandique).

Hongkong: Die ehemals britische Kronkolonie ist ein großer Umschlagplatz für Opale. Außerdem werden in Hongkong viele Steine geschliffen und verarbeitet.

Indonesien: Besonders auf Java werden in vulkanischem Gestein schöne Edel-Opale gefunden.

Japan: Das ferne Inselreich ist Abnehmer für die besten Edelsteinqualitäten. Vor allem der äußerst seltene rote Schwarz-Opal ist hier sehr begehrt.

Kanada: 1991 wurden bei Vernon (British Columbia) Edelopale gefunden. Auch heute noch wird dort nach Opalen geschürft.

Kasachstan und Ukraine: Hier wurden Feueropalvorkommen entdeckt. Vereinzelt werden in den letzten Jahren Feuer-Opale (meist ohne Farbspiel) aus diesen Gebieten angeboten.

Mali (Afrika): Seit 1995 kamen Steine von Mali (Nioro du Sachel, Djudigui) auf den deutschen Markt. Meist sind sie transparent bläulich oder milchig trüb.

Mexiko: Dieses Land ist berühmt für seine Feuer-Opale, es ist der größte Lieferant für diese schöne Art von Opalen.

Nordamerika: Hier leben viele Opalfreunde. Ein großer Teil der Opale und des Opalschmucks findet in den Staaten Abnehmer. Außerdem werden hier auch zunehmend Opale (hauptsächlich Sammlersteine) gefunden, etwa in Arizona (opaker blauer Opal, also ein undurchsichtiger Opal mit blauer Körperfarbe), Kalifornien (Feuer-Opal), Idaho (heller Opal, opaker blauer Opal), Louisiana (Opalmatrix), Nevada (Opal in versteinertem Holz), Oregon (Opal in Ryolith-Geoden), Utah (helle Edel-Opale).

Peru: Aus diesem südamerikanischen Land kommen die türkisblauen Anden-Opale.

Tansania: Im Westen des Landes werden durchscheinende bis opake Milch-Opale gefunden.

Türkei: Opale mit Dendriten und Feuer-Opale werden in Westanatolien abgebaut. Die Vorkommen sind jedoch wirtschaftlich unbedeutend.

Ungarn (im Gebiet der heutigen Slowakei): Die Opale, die hier in der Antike gefunden wurden, erfreuten schon die Römer. Heute sind diese Vorkommen erschöpft.

Opale sind so einzigartig, weil jeder Stein ein Einzelstück ist. Außerdem gibt es in der Edelsteinwelt keinen Stein, der eine solche Farbenvielfalt bietet wie der Opal. Oft ist es

Schwarzer Opal, 21 ct.
(Foto © Christine Roussel)

sogar so, dass ein Opal, wenn man ihn um die eigene Achse dreht, die Farbe verändert und von jedem neuen Blickwinkel andere Farben zeigt. Es gibt sogar Opale, über die bei jeder Bewegung ein Farbbalken wandert, ein so genannter *rolling flash* (dt.: wandernder Blitz). Und einige seltene Opale zeigen besondere Farbmuster, die auch einen eigenen Namen haben, etwa *Harlekin* oder *flagston* Hat man einmal besonders schöne Opale gesehen, lässt einen diese faszinierende Schönheit nicht mehr los. Die Australier sagen dann: „Der ist vom *opal bug*, dem Opalkäfer, gebissen", und man ist opalsüchtig fürs ganze Leben.

Ja, und mich hat der Opalkäfer spätestens in dem Moment erwischt, als ich den ersten schwarzen Opal sah, einen ganz wunderschönen Stein mit eigenem Zauber …

Australien, wir kommen!

Helmut

Schon lange war also Australien mein Wunschziel. Die Weite dieses Landes, die Ursprünglichkeit der Landschaft, die Mythen der Aborigines mit ihrer geheimnisvollen Traumzeit und nicht zuletzt die dortigen Opalfunde hatten mich schon seit geraumer Zeit fasziniert. Mindestens sechs Wochen aber wollte ich für das Erkunden dieses Kontinents einplanen – und das hatte sich bislang einfach nicht realisieren lassen. Doch der Beginn des neuen Jahrtausends sollte ein guter Anlass sein, um diesen Traum erstmals zu verwirklichen. Ich ahnte allerdings nicht, dass mich Down Under dann nicht mehr loslassen würde!

Wie alles anfing

Mit viel Planung und Vorbereitung organisierte ich also gemeinsam mit meiner Lebensgefährtin Cornelia die erste Reise – eine sechswöchige Rundreise mit dem Wohnmobil, einem für die Weiten Australien bestens geeigneten Reisemittel. Und dann begann unser Abenteuer …

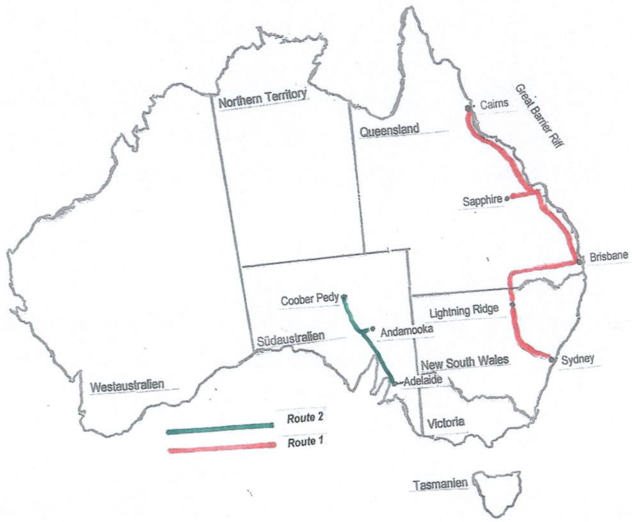

Die ersten Reiserouten

Mai 2000. Der Flug nach Down Under startet von Frankfurt. Über Singapur geht es nach Sydney. 20 Stunden reine Flugzeit, 8 Stunden Zeitverschiebung! In Sydney übernehmen wir das Wohnmobil. Muss mich erstmal an das große Teil und zugleich den Linksverkehr gewöhnen, bei dem starken Verkehr in Sydney gar nicht so einfach! Aber nachdem ich zweimal einen Bordstein rasiere, komme ich in Übung. Außerhalb der Stadt dann lässt es sich auf den breiten Straßen gut und stressfrei fahren.

Sonnenuntergang in Lightning Ridge

Fliegender Bus – das Wahrzeichen des Campingplatzes in Lightning Ridge

Meine Liebe zu den Opalen führt uns zunächst über die Blue Mountains nach Lightning Ridge, dem Ort, wo die seltenen schwarzen Opale gefunden werden. Und dort fühlte ich mich auf Anhieb besonders wohl. Sicher kennen Sie das, man kommt an einen Platz – und alles stimmt, die Energie, die Menschen, die Landschaft. Ich weiß: hierher will ich noch mal kommen.

Wir treffen einen Opalschürfer und fragen ihn, wie die Opalsuche funktioniert, dann kaufen wir ihm ein paar blaue Schwarz-Opale (also blaufarbige Opale mit schwarzem Untergrund) ab. Mein Interesse ist geweckt, das Jagdfieber regt sich! Wir erkunden die Sehenswürdigkeiten und die nähere Umgebung. Haben aber leider nur zwei Tage eingeplant, so dass wir dann schweren Herzens weiterfahren, die Ostküste Australiens hinauf bis Cairns, mit ein paar Abstechern ins Landesinnere. Zum Beispiel nach Sapphire und Rubyvale, um nach Saphiren zu suchen. Dort kann man Siebe, Schaufeln und andere Ausrüstung mieten, um selbst die Erde umzuschaufeln, durchzusieben und darin nach Saphiren und anderen Edelsteinen zu suchen … In dieser Gegend gibt es auch eine große Vielfalt an Vögeln zu sehen.

Saphire von Sapphire

Papageienansturm in Sapphire

Papageien (Lorikids)

Auf dieser Route liegt auch das berühmte Great Barrier Riff. Meist nimmt man Cairns oder Airlie Beach als Ausgangspunkt um das Riff zu besuchen – es entweder von einem Schiff aus zu entdecken oder es mit einem Flugzeug zu überfliegen. Wir entscheiden uns für ersteres und lassen uns von Cairns aus etwa 30 km aufs Meer schippern bis zum Riff. Dort schnorcheln wir über dem Riff und betrachten die Schönheiten der Unterwasserwelt des Great Barrier Riff – ein einmaliges Erlebnis! Einen Meter große Muscheln und Fische und Korallen in den leuchtendsten Farben, eine unglaublich vielfältige Welt unter Wasser versetzen uns in größtes Staunen.

Nach einigen Tagen in Cairns fliegen wir nach Adelaide und mieten dort wieder einen Camper. Unser neues Ziel ist Coober Pedy. Immer weiter nordwärts geht es jetzt. Die Erde wird karg und rot, Autos begegnen wir immer seltener. Ab und zu sitzt ein Adler auf einem Pfosten am Wegesrand. Vorbei an Salzseen und kahlen Bergen führt uns die Straße, und irgendwann weist ein Schild nach Osten, zur *opal town*, dem Opalstädtchen Andamooka. Natürlich können wir nicht widerstehen und biegen ab. Die letzen 30 km rumpeln wir über eine unbefestigte rote Schotterpiste, eine *dirt road*. Gleich am Eingang des kleinen Ortes begrüßt uns eine Tafel: „*Opal direct from the miner*". Das müssen wir sehen! Wir biegen auf den Hof ein, ein Mann kommt auf uns zu und begrüßt uns. Es ist der Österreicher Paul – der später mein *mate*, mein Freund und Kumpel werden sollte. Er zeigt uns seine Auswahl an Opalen. Ich wähle ein paar durchsichtige Kristall-Opale aus und bezahle. Paul und ich sind uns gleich sympathisch. Wir kommen ins Gespräch, und ich erzähle Paul von meinem Traum, einmal selbst nach Opalen zu suchen.

Andamooka – Opale direkt vom Miner

Er meint ganz lapidar: „Okay, dann kommst du nächstes Jahr mit etwas mehr Zeit, und dann versuchen wir es zusammen".

Das war es. Das sollte mein Leben verändern. Erstmal setzen wir aber diese unsere Reise fort. Kommen noch bis Coober Pedy, auch einem Opal-Städtchen – zwar interessant mit den „unter Tage" in die Erde hinein gebauten Wohnungen und Geschäften – aber nicht auf Anhieb meine große Liebe. Auf einer späteren Reise, so nehme ich mir vor, werde ich diesen Ort jedoch noch gründlicher anschauen – und Ihnen dann davon erzählen.

Es ist Juli. Erstmal geht es nun zurück nach Adelaide, von dort aus wieder nach Europa. Wie klein mir nach den Weiten Australiens meine Insel Teneriffa erscheint!

Auf dem Weg nach Coober Pedy

Eine Gruppe von Opalen aus Lightning Ridge, Sea Mist genannt (*Foto © Christine Roussel*)

Australien und die Opale ließen mich nicht mehr los. Ich habe Feuer gefangen. Seit dieser ersten „Schnupperreise" komme ich jedes Jahr wieder – im Sommer, wenn in Down Under Winter ist. Ich werde Sie nun auf meine weiteren Reisen mitnehmen. Sie werden die Fundorte im Outback kennen lernen, mit mir in die Geheimnisse des Opalschürfens eingeweiht werden und erfahren, was das Leben eines Miners so einzigartig macht und warum Australien so viele Menschen anzieht und begeistert.

1. Dem Opal auf der Spur

Andamooka und White Dam (Südaustralien)

Andamooka liegt circa 600 km nordöstlich von Adelaide auf dem Weg nach Coober Pedy und Alice Springs. In der Nähe liegt der Lake Torrens. Früher führte nur eine *dirt road*, ein unbefestigter Weg, dorthin. Aber durch die nahe gelegene Minenstadt Roxby Downs, wo nach Gold und anderen Bodenschätze geschürft wird, wurde die Asphaltierung der Straße veranlasst. So kann man heute Andamooka bequem und ohne „Staublunge“ erreichen.

Der Name des Ortes kommt von dem Wort *Arndoo-Mooka*, was in der Sprache der Kuyani-Aborigines soviel wie „machtvoller Knochen“ bedeutet. Der erste Opal wurde hier 1930 gefunden und führte bald zu einem Zustrom von Minern, die sich damals mit einfachsten Mitteln hier ihre Hütten errichteten. Noch heute sind einige dieser ersten Bauten zu sehen und geben der Ortschaft ihren rauen Charme. Eine rote Marslandschaft, übersät mit riesigen Maulwurfshügeln, wo zuvor bereits nach Opalen gebuddelt wurde, empfängt uns. Die Strasse führt an zwei Tankstellen, der Polizei und einem Supermarkt vorbei zu einem urigen Lokal und der Post. Die Wege, die von der Hauptstrasse wegführen, sind alle unbefestigt. Opale kann man an etlichen Stellen kaufen, die durch Schilder angekündigt werden.

Der Opal von Andamooka, meist Kristall-Opal, wird als einer der stabilsten Opale bezeichnet. Und Opalmatrix, also opalhaltiges Gestein gibt es – abgesehen von wenigen Funden in Honduras und Brasilien – nur hier in Andamooka. Meist wird Opalmatrix in Zuckerlösung getränkt und gebrannt oder anderweitig behandelt, um das Gestein dunkel zu färben und so die wunderschönen Farben des Opals besser zur Geltung zu bringen.

Rund 500 Einwohner der verschiedensten Nationalitäten gibt es heute noch in Andamooka. Sie genießen das freie, aber auch raue Leben im Outback, weitab von der Bürokratie und den Zwängen der Großstadt. Der Nachthimmel über Andamooka ist unglaublich schön, übersät von funkelnden Sternen. Es gibt zwar noch einige Opalminer hier, aber lange nicht mehr so viele wie früher. Der Abbau ist sehr zurückgegangen. Oft wird die Geduld der Miner sehr lange auf die Probe gestellt, bevor das Glück ihnen hold ist. So gab es etwa einen Miner in Andamooka, der auch nach 30 Jahren noch keinen Opal gefunden hat! Man braucht eben Geduld, Ausdauer und Geld für die Opalsuche. Maschinen erleichtern die Arbeit dabei erheblich, aber auch sie kosten sehr viel Geld.

Ich will nun mein Glück versuchen und nach Opalen schürfen. Mit Paul, meinem österreichischen Freund (australisch: *mate*), der mit seiner Familie in Andamooka lebt, suchen wir den geeigneten Platz. Ein *open cut*, d.h. eine Mine, die bis auf eine Tiefe von 25 m ausgebaggert worden war, scheint uns geeignet.

Open cut in Andamooka

Wir stecken zuerst einen *Claim* ab, ein abgegrenztes Gebiet, das dem Staat oder einem Privateigentümer gehört und für das dem Bewirtschafter gegen jährliche Gebühr ein Nutzungsrecht erteilt wird. Und wichtig: wir melden den Claim sogleich an. Es gab nämlich schon den Fall, wo das Anmelden vergessen oder versäumt worden war, und dann wurde dort Opal gefunden … Worauf ein anderer Miner, der davon Wind bekommen hatte, den Claim auf seinen eigenen Namen anmeldete – und die Arbeiter, die die Anmeldung versäumt hatten, mussten schwer frustriert das Feld räumen.

Wir suchen uns nun in der ausgebaggerten Steilwand des Claims zwei Stellen aus, von wo aus wir Stollen in den Berg treiben wollen. David, der Mann mit dem *bobcat* (einem Minibagger), soll uns dabei unterstützen.

David bei der Arbeit mit dem Bobcat

David ist ein echter Künstler mit diesem Gerät. Er bewegt den Bobcat nicht nur blitzschnell in alle Richtungen, sondern gräbt damit auch den Stollen immer weiter voran. Paul und ich stemmen mit dem 20 kg schweren Presslufthammer, dem *jackhammer*, die lehmigen Überhänge von der Decke, während David die Erde und Steine nach draußen schafft.

Jedes Mal wenn wir an die potentiell opalhaltige Steinschicht kommen, nehmen wir eine starke Lampe und beleuchten hoffnungsvoll das Gestein, um eventuell darin vorhandene Opale zu entdecken.

In den folgenden zwei Wochen treiben wir nun zwei Stollen in den Berg, jeweils 3 m breit und 2 m hoch. Vom Opal aber entdecken wir nur Spuren. Dann aber wird es spannend: ein *slip* kommt zum Vorschein ein schräger, horizontaler Gesteinseinbruch. Slips sind im-

Abb. 16 Helmut bei der Arbeit mit dem Presslufthammer

Das Gestein im Gang wird nach Opalen abgesucht.

Der Pausenplatz

mer gerne von den Minern gesehen, denn in diese Slips ist früher Wasser und Silizium gelaufen – beste Voraussetzung zur Opalbildung! Auch in unserem Fall entdecken wir hier die ersten Opalspuren. Noch schneller stemmen wir die lehmige Decke mit dem Presslufthammer herunter. Denn der Opal ruft! Da beginnt der Presslufthammer plötzlich Öl zu verspritzen, mir direkt ins Gesicht. Wir machen erstmal Pause und rufen David. Zusammen steigen wir nach oben auf den Hügel, wo der Kompressor steht, der den Druck für den Presslufthammer liefert. Wir überprüfen gerade die Anschlüsse und den Ölstand, als plötzlich ein Krachen und Donnern zu hören ist. Paul meint, das sei wohl eine Sprengung von einer anderen Mine. Zurück in unserem Stollen merken wir allerdings, dass die Seitenwand des Stollens eingestürzt ist – und ein paar Tonnen Erde und Gestein in den Gang herabgepoltert waren. Wären wir nicht alle drei aus der Mine gestiegen, hätte es wohl für uns böse ausgehen können. So nehmen wir dies als Warnung des Schicksals und brechen die Opalsuche an dieser Stelle ab, um einiges Geld ärmer und viele Erfahrungen reicher!

Nun machen wir uns auf die Suche nach neuen Schürfplätzen. Zunächst geht es über die 15 km Rüttelpiste nach White Dam, wo viele schöne Opale gefunden wurden. Wir suchen einige dort arbeitende Miner auf. Einer von ihnen ist mit dem Presslufthammer

Tonnen von Gestein, die von der Gangdecke gefallen sind.

in einer alten Mine unterwegs, er gräbt in harter Handarbeit nach Opalen! So hat er wohl ein paar der edlen Steine gefunden, wartet aber immer noch auf den großen Fund, ist jedoch glücklich und voller Erwartung! Ein anderer Miner erzählt, er besaß früher eine große Tankstelle, die er verkaufte, um sich dafür Baumaschinen (für die Minenarbeit) anzuschaffen. Er baggerte für sich und auch für andere in Lohnarbeit. Auch er hat bisher wenig Glück gehabt. Das Problem in White Dam ist, so erfahren wir, dass dort oft nur Opalblasen zu finden sind, die nur kleinsten Raum einnehmen und die man beim Schürfen daher sehr leicht verpassen oder übersehen kann.

Bob, ein dritter Miner, den wir besuchen, besitzt viele dieser sehr teuren Baumaschinen. Er kann damit sehr große Erdmengen bewegen. Wir besichtigen seine Mine – riesige Strassen und unterirdische Hallen hat Bob hier ausgebaggert! Erstaunt, ja erschüttert laufe ich durch diese riesigen Gewölbe. Bob hatte anfangs gut Opal gefunden, für ca. 80.000,- A$ (ca. 52.000,– €). Aber dann verließ ihn das Glück, und die ganzen Gewölbe, die er ausgebaggert hatte, lieferten nur für 2000,- A$ (ca. 1200,– €) Opal!

Und das bei den hohen Kosten für seine riesigen Maschinen …

Etwas frustriert und entmutigt verlassen wir White Dam, um in Andamooka neue Möglichkeiten zu finden. Wir wollen in einem Gebiet, in dem Paul früher schon etliche Opale gefunden hatte, einen neuen Schacht graben. Wenn man das Schachtgraben per Hand macht, dauert es, je nach Tiefe 1–3 Wochen, je nach Arbeitseifer! Und das ist, wie man sich vorstellen kann, Schwerstarbeit. Wir können zwei deutsche Freunde von Paul, die über größere Baumaschinen verfügen, dazu überreden, uns einen Schacht zu bohren. Das soll mit einem riesigen, auf einen Lastwagen montierten Bohrer geschehen. Wir transportieren alles erforderliche Material zu der Stelle und manövrieren den Laster dorthin. Aber kurz vor dem Ziel bleibt der Lastwagen liegen. In mühevoller Arbeit suchen und finden wir den Fehler und bauen das kaputte Teil aus. Als zwei Tage später alles repariert ist, fixieren wir den Laster und den Bohrer an der vorgesehenen Stelle. Eine riesige Tonne mit mehreren Bohrköpfen darunter senkt sich auf die Erde, beginnt sich zu drehen. Staunend sehe ich zu, wie Tonne für Tonne von ausgebohrter Erde hochgezogen und zur Seite gekippt wird. Dann übertönt plötzlich ein Kreischen und Krachen den Lärm der sich drehenden Tonne. Wir ziehen sie hoch und sehen: einige der Bohrköpfe sind abgebrochen! Der Bohrer war auf festes Gestein gestoßen. Nun müssen wir mit dem Presslufthammer nach unten und hämmern auf das Gestein ein. Eine mühsame Arbeit in dem engen Loch! Nach stundenlangem Hämmern und Wegschaffen des gelösten Gesteins können wir den Bohrer endlich wieder einsetzen. Der Fachmann erkennt übrigens schon an dem ausgebohrten Gestein, in welchem *level*, welcher Schicht sich Opal befinden könnte. Meist gibt es nur einen Level, aber es kommt auch vor, dass mehrere Level übereinander auftreten. Unser Bohrer trifft zuerst auf einen *false level* eine falsche Schicht, und erst nach weiteren 8 Metern treffen wir auf die echte Schicht. Wir haben ein Loch von ca. 30 Metern Tiefe und 1,5 Metern Durchmesser gebohrt. Da die Oberfläche sehr sandig ist, befestigten wir das Loch mit Wellblech. Eine zusammensetzbare Leiter wird hinab gelassen, und Paul steigt als Erster hinunter, um sich das Gestein anzuschauen. Da wir aber noch den Bohrer abbauen und den Lastwagen zurückbringen müssen, verlassen wir erstmal unsere Bohrstelle.

Am nächsten Tag voller Erwartung zum Bohrloch. Voller Schrecken müssen wir feststellen, dass sich das Loch schon einige Meter hoch mit Wasser gefüllt hat. Von irgendwo her war Wasser in diesen Bereich eingesickert. So ist zwar unsere ganze Arbeit nicht umsonst, aber immerhin vergeblich gewesen …

Wir wollen aber noch einen weiteren Versuch starten. Wir hatten ein Gebiet ausfindig gemacht, wo der Opal-Level sehr nahe an der Oberfläche liegt, in etwa 6 Metern Tiefe. Das hat den Vorteil, dass es kostengünstiger ist, an den Level zu kommen. Wir stecken einen Claim ab und melden ihn an. Dann pflügen wir mit Hilfe eines angeheuerten Baggers mit Fahrer die Erde weg, bis wir auf den Level kommen. Aber der ganze Untergrund ist zu trocken, keine Spur von Opal ist zu sehen. Ein weiterer vergeblicher Versuch schließt sich an.

Ich schildere diese Erlebnisse deswegen, weil ich oft gefragt werde, ob man noch viel Opal findet. Die meisten Menschen haben wohl die Vorstellung, dass man nur etwas in

Maschinen und Werkzeug im Anmarsch

Im Outback bei Andamooka

der Erde buddeln muss, um Opale zu finden. Aber in Wirklichkeit gehört eben etliches an Ausdauer, Kraft, Geduld und nicht zuletzt Kapital dazu, um vielleicht – mit viel Glück und Wissen – Opale zu finden. Ich habe Miner gesprochen die über zwei Jahre täglich hart gearbeitet haben, ohne einen einzigen Opal zu finden. Tonnen von Erde müssen zumeist bewegt werden, um erstmal an eine opalhaltige Schicht zu kommen. Und dann gehört immer noch viel Glück dazu …

Sonnenuntergang

In Andamooka gibt es jedoch einen Weg, auch ohne Investition Opale zusuchen, indem man nämlich die aus den Minen aufgeworfenen Erdhügel per Hand oder mit einer Schaufel nach Opalen durchsucht. Diese Tätigkeit wird *to noodle* genannt. Es gibt auch Leute, die das professionell mit so genannten Noodle-Maschinen machen. Sie schaufeln die Haufen auf ein Laufband, das durch eine Dunkelkammer mit Schwarzlicht läuft. In der Dunkelkammer sitzt eine Person, die alles, was in diesem Licht aufblitzt, aussortiert.

Von den Opalen einmal abgesehen: Auch wer die Natur und die Einsamkeit liebt, findet in Andamooka einen wundervollen Platz!

Coober Pedy und Lambina (Südaustralien)

Nachdem sich die Opalsuche in Andamooka als schwierig erweist, meint David: „Ihr müsst nach Lambina. Ist ein neues Minengebiet nördlich von Coober Pedy, mein Sohn arbeitet dort. Jede Menge tolle Opale dort. Und ihr bekommt sie da so günstig, braucht nur kaufen und könnt die Opale dann gleich in Coober Pedy zum doppelten Preis verkaufen!"

Klingt gut. Das Problem ist jedoch die Zufahrt nach Lambina: 75 km *dirt road*, also unbefestigte Erdwege, durch den Busch und unbewohntes Gebiet. Dieses Gebiet gehört zu einer riesigen Farm, und man braucht eine Genehmigung der Polizei von Marla, um es zu durchqueren und nach Lambina zu kommen. Außerdem sind jetzt heftige Regenfälle möglich, und die *dirt road* ist nur in trockenem Zustand befahrbar. So teilt man uns auf der Polizeistation in Marla nun leider mit, dass die Strasse nach Lambina derzeit wegen Regen gesperrt ist.

Um die Zeit zu nutzen, lassen wir unser Wohnmobil vom Mechaniker überprüfen. Und als die Sonne wieder durchkommt und die Strasse geöffnet wird, laden wir Pauls Akkordeon und etwas Proviant ein und machen uns auf den Weg. Die 700 km bis Coober Pedy wechseln wir uns am Steuer ab. Die Sonne brennt auf die rote Erde, nur gelegentlich lockert ein Hügel oder Busch die karge Landschaft etwas auf. Das Outback. Die Luft flimmert. Wir sehen Adler und Krähen, die sich die Überreste von überfahrenen Kängurus teilen. Nur selten begegnet uns ein Auto, und auf dieser *dirt road* nach Norden ist es Brauch, sich im Vorbeifahren zu grüssen – als Zeichen des Abenteuers und der Freude, auf diesem einsamen Weg anderen Menschen zu begegnen. Manchmal wachsen am Straßenrand kleine wilde Melonen, an denen sich Papageien gütlich tun, für den Menschen sind sie ungenießbar. Auf einem Campingplatz in der Nähe von Hart's Ranch sehen wir später Leute, die diese Melonen für eine Partie *Outdoor Bowling* nutzen.

An einer Tankstelle auf dem Weg in Glendambo machen wir Rast.

Rast in Glendambo

Auf dem Ortsschild steht:

Willkommen in Glendambo, Höhe 150 m, Bevölkerung:
Schafe 22.500, Fliegen 2.000.000, Menschen 30.

Am Nachmittag erreichen wir unser Übernachtungsziel, Coober Pedy, ein Minenstädtchen mit ca. 4000 Einwohnern aus 46 Nationen, inmitten der kargen Landschaft. Hier liegt eines der größten Opalvorkommen der Welt. Viele Miner haben sich in ihre Mine eine unterirdische Wohnung hineingebaut, und es gibt unter Tage auch öffentliche Gebäude, ein Hotel, eine Bücherei und sogar eine Kirche – die erste und vielleicht einzige ihrer Art. Dieses „unterirdische Leben" hilft, die höllische Hitze im Sommer und auch das riesige Ozonloch besser zu überstehen. In der Sprache der Aborigines bedeutet Coober Pedy = *Kapa Piti* deshalb auch „Weißer Mann im Loch".

Ein ganz spezielles Ortschild

Dem Campingplatz, auf dem wir mit unserem Wohnmobil übernachten, ist ein Motel, Restaurant und ein Spielsalon angeschlossen, denn viele Opalsucher sind auch Glücksritter und Spieler. Sie kommen in ihrer Arbeitskluft hierher, um bei einem Bier und den einarmigen Banditen etwas Abwechslung zu finden. Die Spielautomaten (*pokies* genannt = Pokerautomaten) in

Australien sind größtenteils ausgefeilte computergesteuerte Maschinen, die mit Einsätzen ab 2 Cents selbst die Ärmsten zu höheren Einsätzen verlocken, in der Hoffnung auf Gewinn. In den Spielsalons und Kneipen sind auch viele Aborigines anzutreffen. So hängt sich, als Paul und ich unser Spielerglück an den *Pokies* testen, eine Aborigine-Frau an Paul. Sie jammert ihm vor, wie schlecht die Automaten ausschütten, aber *sie* würde ihm sicher Glück bringen. Sie hängt ihm zwar hartnäckig weiter an den Fersen, aber das Glück lässt trotzdem zu wünschen übrig.

Am nächsten Morgen lassen wir Coober Pedy hinter uns, mit seinem Rummel, den vielen Touristen, die alle mal diese bekannte *opal town* gesehen haben wollen. Wir versuchen noch kurz unser Glück in einem Minengebiet in der weiteren Umgebung der Stadt, wo früher viele opalisierte Muscheln gefunden wurden. Im Abraum der Minen finden wir zwar einige opalhaltige Stücke, aber keine ganze Muschel.

Roadtrain in Marla

Gegen Mittag erreichen wir Marla – nur eine Tankstelle und ein paar Häuser. Wir legen eine kleine Rast ein, dann geht es weiter.

Die Strasse nach Lambina ist freigegeben. Sie fängt als Teerstrasse an, geht dann aber ganz schnell in einen holprigen, mit Steinen übersäten Weg über, der zudem noch viele Schlaglöcher aufweist. So rattern und schaukeln wir voran und wünschen uns, nach einer guten Stunde Fahrt arg durchgeschüttelt, sehnlich anzukommen. Eine Abzweigung kommt, Reifenspuren führen in Richtung zu einem Berg. Nirgendwo ist ein Schild zu sehen. Wir biegen also einfach ab, fahren langsam den Berg hinauf. Nichts und niemand ist zu sehen. Wir halten, um uns zu beraten. Da, ein Auto! Wir winken, der Fahrer hält. „Nach Lambina? Noch ein gutes Stück weiter, unten auf der Hauptstrasse!“ Also zurück auf die *dirt road.* Müssen aber nach einer halben Stunde, in der wir ordentlich durchgerüttelt werden, erstmal wieder eine kleine Pause einlegen. Paul rollt munter einen alten Teppich aus, um ein bisschen zu meditieren und einen Tee zu trinken. Am strahlend blauen Himmel ziehen derweil dunkle Wolken auf …

Wolken ziehen auf

Ankunft in Lambina

Wir fahren weiter. Nach einer Viertelstunde passieren wir ein paar Bergbaumaschinen, Wohnwagen und Bretterhütten: Wir sind in Lambina. Am Ziel.

Wir halten bei ein paar Minern, die gerade am Wegrand aus einem riesigen Tank, der unten eine Öffnung hat, Wasser in Kanister auf ihrem Auto füllen. Wasser ist hier knapp, aber extrem überlebenswichtig. Während wir uns unterhalten, wird der Himmel stockdunkel.

Ein Unwetter naht

Kurz vor dem Regen

Bald bersten die Wolken, und es schüttet! Es gießt! Rasch springen wir in unseren Camper und suchen uns einen Platz, wo wir den Wagen abstellen können. Es regnet die ganze Nacht und den nächsten Tag. Wir können den Camper nicht verlassen. Als wir versuchen, etwas höher hinauf zu einigen Hütten zu fahren, bleiben wir mitten in der schlammigen Strasse stecken. Nichts geht mehr.

Wir stecken fest …

Schlamm

Ein Miner lädt uns zu sich in die Hütte ein. Er nennt sich Popeye.

Bald erzählt er uns Opalgeschichten aus früheren Zeiten, als in Andamooka noch jede Menge Opale gefunden wurden. Wir hören davon, wie er glücklich überlebte, als sein Partner aus 30 m Höhe die Spitzhacke auf ihn ins Bohrloch warf, und die Hacke ihn nur streifte, aber nicht tötete.

So viel Opal hätten sie manchmal gefunden, erzählt Popeye weiter, dass sie ein ganzes Nachtlokal in Adelaide mitsamt den angestellten Ladies mieten konnten für sich und ihre Freunde, die es in so einem Fall immer reichlich gibt. Popeyes Geschichten trösteten uns etwas über den Regen hinweg.

Fahrende Imbissbude

Gegenüber von Popeyes Hütte hatte ein Ungar seinen Bus als Imbissbude umgebaut, und so stärken wir uns unter einer Regenplane an *langosch*, dem ungarischen Gebäck.

Ein Miner bietet uns eine Schlafgelegenheit in einer trockenen Hütte an, da einige seiner Arbeiter noch nicht von ihrem Wochenendurlaub aus Marla zurück sind. Australier sind – diese Erfahrung machen wir auch hier – in der Regel sehr gastfreundlich. So können wir nun unter einem Dach im

Trockenen schlafen und werden noch dazu großzügig bewirtet. Aber wir wollen doch ... Opale! Und so warten wir sehnsüchtig auf ein Ende des Regens. Da es hier sogar eine der im Outback seltenen Telefonzellen gibt, nutze ich die Gelegenheit und rufe meine Lieben auf Teneriffa an. Obwohl ich dabei auf einem von Regenwasserfluten umspülten Stein stehen muss, funktioniert das Telefon. Von den Leuten hören wir, dass die Strasse nach Marla nun überflutet sei und für die nächste Zeit unpassierbar. Das heißt, wir sitzen hier sozusagen fest.

Als der Regen endlich aufhört, gehen wir mit Popeye auf Opalsuche. Zunächst suchen wir einige Aborigines auf, die neben ihrem Jeep campieren. Sie haben Hunde bei sich, an diesen wärmen sie sich nachts, so erfahren wir. Sie kamen von Alice Springs, waren zu Besuch bei ihren Verwandten in Lambina und sind nun auch auf Opalsuche. Wir kaufen ihnen nach einigem Handeln ein kleines Gläschen mit Opalsplittern ab.

Popeye führt uns zu einigen frisch aufgeschütteten Abraumhügeln neben Opalminen. Durch den Regen ist die Erde nass, und wir können das Glitzern und die Farbe der Opale leichter erkennen. Die klebrige nasse Erde hängt sich an unsere Schuhe, Schritt für Schritt wird schwerer. Da stößt Popeye einen Freudenschrei aus. Er hat einen Opal gefunden! Grün-blau strahlt er in seiner Hand. Das gibt uns natürlich enormen Antrieb, weiterzumachen.

Dieses Suchen von Edelsteinen an der Erdoberfläche oder auch etwas darunter nennen die Australier *fossicking.* Es gibt auf den Opalfeldern auch Leute, die vom Absuchen des Abraums leben. Sie hoffen, dass die Miner bei der Auslese einige Stücke übersehen haben. Mit viel Glück kann auch hier schon mal ein wertvoller Opal gefunden werden. Aber das ist eher die Ausnahme, als die Regel. Es gibt etliche Rentner oder auch Urlauber, die ihre Freizeit mit *fossicking* verbringen. Als Anfänger auf der Suche nach Opalen oder auch anderen Steinen findet man in der Regel nichts – oder manchmal nur etwas allein durch Anfängerglück. Denn die Herausforderung beim Opalsuchen ist es, den Blick dafür zu bekommen! Der Opal ist meist von Gestein oder Erde umgeben. Manchmal lugt eine farbige Stelle aus der braunen Umgebung hervor. Zunächst muss man also lernen – oder sich zeigen lassen -, *wonach* man sucht.

Ich halte mich daher an Popeye, um zu beobachten, wonach er sucht. Er zeigt mir ganz unscheinbare Steine, die an einer Stelle etwas Farbe aufweisen. Popeyes Augen sind durch Jahrzehnte langes Training geschult. Da er im Moment keine Mine betreibt, hält er sich mit dem Erlös aus seinen Opalfunden über Wasser.

Zuvor hatte er zusammen mit seinem Sohn eine Mine betrieben und Erlöse sollten geteilt werden. Als aber ein Millionenfund gemacht wurde, sollte Popeye nur einen kleineren Anteil erhalten. Bislang steht Einigung noch aus. Dies zeigt, dass gerade bei reichen Funden Probleme und vor allem Gier ins Spiel kommen.

Der Regen fängt von neuem an. Wir müssen unsere Suche abbrechen. Ein paar opalhaltige Steine haben Paul und ich gefunden, so genannte *specimen*, also Mineralstücke für Sammler, aber nicht geeignet für Schmuck - Popeye dagegen, der Glückliche, hatte einen schleifwürdigen Opal gefunden. Dies spornt mich natürlich an…

Immer wieder regnet es. So haben wir Zeit, uns mit einigen Minern zu unterhalten. So mit Andrew und seiner Frau Lisa, den Betreibern des „Imbissbusses". Bei dem Regen, so meinen sie, können wir für Wochen Lambina nicht mehr verlassen. Die Strassen seien überflutet und aufgeweicht. Andrew kocht uns alle möglichen Leckereien, um uns aufzuheitern. Er ist ein rauer, aber lustiger Bursche. Er hatte den Claim erworben, auf dem sein Bus steht – aber er wollte keine Opale, sondern sein Essen an die Miner verkaufen. Neben dem Bus hat er in einem kleinen Zelt alle seine Vorräte, die so vor der Nässe geschützt sind: Würste, Speckseiten und andere Leckereien hängen dort an einer Stange und warten darauf, zu köstlichen Speisen verarbeitet zu werden.

Andrews Vorratskammer

Man trifft sich bei Andrew an einem Plastiktisch, sitzt auf einem Stein oder Campingstuhl und verzehrt mit Genuss die heißen, von Lisa zubereiteten Gerichte. „Passt auf!" Einer der Gäste, ein Abenteurer aus Amerika, macht uns auf einen 20 cm großen Tausendfüßler aufmerksam, der in der Nähe des Tisches über die Erde lief. „Sehr giftig!" Nun will jeder gleich eine Geschichte zu giftigen Tieren zum Besten geben. Popeye erzählt, dass es im Sommer viele Giftschlangen in Lambina gibt, man brauche jedoch keine Angst zu haben. Denn solange sich die Schlangen nicht in die Enge getrieben fühlen, weichen sie den Menschen lieber aus.

So verbringen wir einige Tage, je nach Wetterlage mit Erzählen, Essen, Schlafen und *fossicken*. Bald aber lässt der Regen nach, Gott sei Dank. Können wir uns nach Marla aufmachen? Ein Miner, der sich mit seinem Jeep mit Vierradantrieb durch die überflutete Strasse von Marla hierher gekämpft hat, rät uns aber, mit der Rückfahrt noch abzuwarten. Unser Camper würde den Weg nicht schaffen.

Einige Tage bleibt es trocken. Nun aber ziehen neue Wolken auf. Wenn es jetzt von neuem regnet, wäre der Weg für mehrere Wochen unpassierbar. Wir aber müssen zurück nach Andamooka! Während wir noch beratschlagen, sehen wir, dass sich die Aborigines mit ihrem Jeep auf den Weg machen. Ich halte sie an und frage, ob sie bereit wären, uns unterwegs eventuell zu helfen, sollten wir stecken bleiben. Sie sagen zu.

So verabschieden wir uns von Andrew und Popeye und fahren los. Einige Pfützen sind noch da, die wir jedoch mit etwas Rutschen und Geschick durchfahren. Dann eine längere trockene Strecke. Wir sind ganz frohgemut und denken, heil nach Marla zu kommen.

See voraus

Dann kommt der Schock. Nach einer Kurve.

Anstelle der Strasse nur Wasser! Ein See. Der Jeep hatte uns schon vor einiger Zeit überholt und steht nun jenseits der Überschwemmung. Der Fahrer ist ausgestiegen und bedeutete uns mit Zeichensprache, in der Mitte des Sees zu fahren. Langsam und mit Herzklopfen durchqueren wir das Wasser und kommen auch heil auf die andere Seite.

Geschafft!

Wir atmen auf, bedanken uns und weiter geht's. Ein weißer Kombiwagen überholt uns. Neue Pfützen und Überschwemmungen. Paul am Steuer. Ich sehe ein riesiges Schlammloch in der Strasse auf uns zukommen. Paul kann gerade noch mit den Vorderrädern ausweichen, die Hinterräder aber krachen genau in das Loch. Mit letzter Schubkraft kommen wir gerade noch aus dem Loch – sonst wäre die Fahrt hier zu Ende gewesen!

Nun durch einen kleinen Fluss, der die Strasse überquert. Das Wasser hat hier die ganze Strasse über ca. 100 Meter Länge und der ganzen Breite überflutet.

Wasser ohne Ende

Der Wagen kommt ins Rutschen, der Motor stirbt ab. Paul versucht, den Wagen wieder anzulassen. Vergeblich. „Das war's denn wohl", sagt er. Der Motor ist feucht, will nicht mehr anspringen. Der Wagen steht im knietiefen Wasser. Ich habe eine Idee … und hole hinten aus dem Camper ein Ölspray. Ich kann zum Glück von der Fahrerkabine aus an den Motorraum gelangen. Wir sprühen Öl auf Motor und Vergaser. Und siehe da – der Motor springt wieder an. Und das noch größere Wunder: Trotz Schlammuntergrund fährt unser Camper wieder an. Ich danke all meinen Schutzengeln!

Ein Stück weiter sehen wir den weißen Kombiwagen am Rand eines überfluteten Straßenabschnitts stehen, auch der Motor ist nass geworden. Es ist ein Miner aus Lambina, der dringend zum Arzt nach Marla muss. Nach einigen Ölsprays ist auch sein Wagen wieder flott.

Hilfe mit Ölspray

Unsere Nerven werden noch mehrmals auf die Probe gestellt, aber schließlich erreichen wir doch die geteerte Strasse, die nach Marla führt. Froher Stimmung setzen wir unsere Fahrt nach Coober Pedy fort. Aber unseren Prüfungen sind noch nicht zu Ende. Mitten auf der Strecke, weit entfernt von der nächsten Tankstelle, gibt es einen Krach und ein merkwürdiges Schleifgeräusch. Der Auspuff ist abgefallen. Wir halten an.

Paul schickt mich auf die Suche nach alten Dosen und Draht. Dosen und Flaschen liegen auf dieser Strecke reichlich am Straßenrand, aber Draht? Bis ich auf die Idee komme, einen Schneebesen aus unseren Kochutensilien im Wohnmobil zu zerlegen. Wir umwickeln nun mit Blech und Draht den Bruch im Auspuff, können weiterfahren und erreichen unter lautem Röhren und Knattern die nächste Tankstelle. Dort erstehen wir ein Auspuff-Reparatur-Set und bauen es ein.

Mit solchen Abenteuern, so weiß ich nun, muss man im Outback Australiens immer rechnen. Aber unsere Abenteuerlust ist ungebrochen, der Opal ruft!

Duck Creek und Sheep Station Creek (Queensland)

Reise 2002. Diesmal ist Cornelia wieder dabei. Wir sind zu zweit unterwegs im Camper auf der Strasse von Quilpie nach Yowah. Unterwegs geht eine *dirt road* ab, die durch Farmland und Wälder nach Duck Creek führt. Ein sehr abgelegener Ort, wo seit Anfang 1900 geschürft wird, jetzt aber nur noch ein paar Miner ihr Glück versuchen.

Helmut mit zwei Minern in Duck Creek

In Duck Creek und Sheep Station Creek ist heute auch ein Gebiet zum Opalsuchen für Hobbysucher ausgewiesen. Man muss aber schon die Wildnis und Einsamkeit lieben, um hier auf Opalsuche zu gehen. Es ist ein schöner Flecken Natur mit vielen Tieren, unter anderen Emus, Kängurus und mancherlei Papageien.

Kängurus in Duck Creek

So landen wir dann in Duck Creek. Wir treffen bald ein paar Miner, die hier noch arbeiten. Alle sind sehr aufgeschlossen und hilfsbereit, einige zeigen mir sogar ihre Claims. Wie an fast allen Opal-Orten ist es auch hier nicht einfach, Opal zu finden. Berichtet wird von einzelnen Funden sehr schöner Boulder-Opale und versteinertem opalisiertem Holz.

Helmut mit dem Miner Mick

Der Miner Mick, ein Grieche, lebt hier in seiner kleinen Behausung. Mick lädt uns großherzig ein, auf seinem Grund zu campen. Erfreut nehmen wir an, und da Mick auch ein großer Fan von Western-Filmen ist, gucken wir bald mit ihm einen schönen alten Western an, mit John Wayne natürlich. Und da es hier keinen Stromanschluss gibt, holt Mick sich seine Elektrizität aus einer ganzen Reihe zusammen geschalteter Autobatterien. Emus und Kängurus kommen zum Trinken an den Bach auf Micks Grundstück. Es ist ein wunderschöner, ruhiger Platz.

Ich habe Mick später noch mehrmals auf der Opalshow in Yowah und Lightning Ridge getroffen. Er ist ein liebenswerter Zeitgenosse und besteht fröhlich darauf, mit mir Spanisch zu sprechen, um seine Sprachkenntnisse zu zeigen.

Lightning Ridge (New South Wales, NSW)

„Es ist zwar nicht das Ende der Welt,
aber man kann es von hier aus sehen",

so heißt es von diesem Ort. Im Jahr 1879 tötete ein Blitz 600 Schafe, einen Hund und einen 14-jährigen Hirtenjungen auf einem kleinen Hügel. Dieses Ereignis gab dem Ort seinen Namen – Lightning Ridge (frei übersetzt *Blitzhügel*). Es liegt 800 km nordwestlich von Sydney, und es ist ein magischer Platz. Ein Ort voller Kraft und Ruhe. Dort leben zum Teil auch Menschen, die bereits pensioniert sind oder sich einfach zurückgezogen haben von der

Ein etwas älteres Model

Amigos Castle in Lightning Ridge

Hektik der Städte. Sie genießen die Natur, die den kleinen Ort umgibt, und manche von ihnen schürfen ab und zu nach Opalen. Andere aber suchen professionell und mit großen Maschinen nach den kostbaren Steinen.

Das kulturelle Zentrum ist der Bowling-Club. Die Mitglieder treffen sich hier auf ein Bierchen oder spielen an den Videoautomaten, *pokies* genannt (Pokerautomaten) um Geld. Am Wochenende macht eine Band Musik oder es gibt einen Kinofilm. Neben einem Selbstbedienungsrestaurant bietet auch ein sehr schönes Restaurant ausgezeichnete Speisen an. Eine weitere Attraktion ist das artesische Bad am Rande der Ortschaft: Lightning Ridge liegt über einem riesigen unterirdischen artesischen Becken mit heißem Wasser. Eine Bohrung bringt das Wasser aus 1 km Tiefe an die Oberfläche, wo es viel Nutzen bringt, unter anderem auch für heißes Wasser im Schwimmbad sorgt. Hier trifft man sich zu einem entspannenden Bad in dem mineralhaltigen Wasser. Außerdem gibt es noch andere Sehenswürdigkeiten, unter anderem ein verrücktes Monument, eine unterirdische Mine verziert mit Skulpturen und Schnitzereien, ein Flaschenhaus sowie *Amigos Castle*, ein Schloss, das von einem Mann in liebevoller Handarbeit gebaut wurde.

In erster Linie aber dreht sich in Lightning Ridge natürlich alles um den Opal. Und zwar vor allem um einen der schönsten Opale der Welt, den König der Opale: den schwarzen Opal. 95% der bekannten schwarzen Opale der Welt kommen nämlich aus Lightning Ridge! Im Jahr 1887 fand ein 12-jähriger Junge einen wunderschönen schwarzen Opal in der Nähe eines wilden Orangenbaums, und damit begann hier das Opalfieber …

Will man nach Opalen schürfen, dann muss man zuerst mal einen Claim abstecken und dieses anmelden. Eine Person kann maximal zwei Claims à 50 × 50 Metern anmelden. Damit man gewisse Aussicht auf Opalfunde hat, sollte man sich vorher natürlich über die Erfolg versprechenden Gebiete informieren. Voraussetzung aber dafür, dass man überhaupt einen Claim anmelden darf, ist eine vorherige Ausbildung: Man muss mehrere Seminare besucht haben, in denen alles Notwendige über Technik, Gefahren, Umweltschutz und Sicherheitsmaßnahmen vermittelt wird.

Wieder einmal unterwegs. Wir erreichen mit unserem Camper Lightning Ridge. Von einem Amerikaner, der auf dem gleichen Campingplatz wohnt, erfahren wir, dass ein Gebiet mit mehreren Claims verlost werden soll. Auf diesen Claims waren vorher schon Probebohrungen gemacht worden, die sehr erfolgreich waren, es kamen mit den Bohrungen wertvolle Opale an die Oberfläche. Wie es manchmal so ist, wenn es um viel Geld geht, stritten sich zwei Parteien um dieses Gebiet. Da keine Einigung zustande kam, entschied die Minenbehörde, das strittige Gebiet verlosen zu lassen. Bei der Verlosung wollen natürlich viele dabei sein, denn der Gewinner würde voraussichtlich schnell zum Millionär werden. So wollte auch ich mein Glück versuchen. Ich zahlte die Gebühr, die als Sicherheit für die Teilnahme an der Verlosung zu hinterlegen ist. Voller Spannung warte ich dann, mit mir noch über hundert andere Menschen. Wir warten mehrere Stunden, bis der glückliche Gewinner endlich aus dem Eimer voller Lose gezogen wird. Ich bin es leider nicht! Ein Anderer ist der Glückliche. Aber wie sich später herausstellt, war das Gebiet doch nicht so erfolgreich, wie man vermutet hatte…

In der Regel gestaltet sich der Weg zum Reichtum über die Opalsuche viel schwieriger. Da viele Gebiete in und um Lightning Ridge ausgebeutet sind, verschiebt sich die Suche in die weitere Umgebung. In Grawin und Sheepyard, ca. 70 km von Lightning Ridge entfernt, sind neue Minengebiete entstanden. Auch hierhin zieht es viele, die ihr Glück beim Opalsuchen – durch *noodeln* oder *fossicken* – versuchen wollen. Je nach dem vorhandenen Untergrund wird in Coocoran, einem Opalfeld bei Lightning Ridge, und einigen anderen Gebieten gefördertes opalhaltiges Gestein zunächst in einer Trommel gewaschen, um den Opal von der Erde zu befreien. Dann läuft das Gestein über ein Band durch eine Dunkelkammer mit Schwarzlicht, wobei die Opale aussortiert werden. Das übrige Gestein kommt auf einen Lastwagen und wird auf einen Abladeplatz gebracht.

Eine alte und ziemlich verrottete Waschtrommel für Opale.

Moderne Waschanlage für Opale

Auch das übrige Gestein aus den Minen, das nicht gewaschen werden musste – etwa aus Grawin und Sheepyard (beides Opalgebiete ca. 70 km außerhalb von Lightning Ridge) – wird auf einem *dump*, einer Halde abgeladen. Und hier beginnt für etliche der Opalsucher eine andere Art von Abenteuer:

Wenn ein Lastwagen mit seiner Fracht kommt, stehen schon eine Menge Leute bereit und warten auf das Abladen.

Die Noodler warten auf die neue Ladung

Der neue Haufen wird sorgfältig durchsucht

Dann verteilen sich die erwartungsvollen Glücksritter um den Erdhaufen und beginnen mit Harken, kleinen Schaufeln oder den bloßen Händen den Erdhaufen Stück für Stück nach Opalen zu durchsuchen, die die Miner vorher möglicherweise übersehen haben.

Auch ich mache mich an die Arbeit, bin aber wie meistens zu ungeduldig und gebe nach zwei Stunden auf. In manchen Haufen ist gar nichts zu finden, sie enthalten nur Aushub, keine Spur von Opal. Manchmal aber ertönt ein Freudenschrei: Jemand hat ein Stück Opal gefunden! Dann umringen alle den Glücklichen und bestaunen seinen Fund, um dann mit frischer Hoffnung und neuem Eifer an die Arbeit zu gehen. Oft wechseln die Fundstücke gleich auf dem Feld gegen Bezahlung den Besitzer. Viele Aufkäufer von Opalen kommen direkt auf das Feld oder in die Stadt, um den Opalsuchern und Minern ihre Funde abzukaufen. Da kommt es natürlich sehr auf das Verhandlungsgeschick an, was ein Miner für seine Opale bekommt!

Opal Show in Lightning Ridge

Einmal im Jahr findet in Lightning Ridge *eine Opal Show* statt, zu der Gäste aus der ganzen Welt kommen.

Da sieht man Einkäufer, Händler und auch Miner, die man sonst nur in abgerissener Arbeitskleidung kennt, abends beim Opal-Ball im Smoking und die Ladies in festlichen langen Abendkleidern. Yes, Sir.

Ich bin schon einige Jahre nach Lightning Ridge gekommen und habe so einige Freundschaften mit hier lebenden Minern geschlossen. Die Gespräche drehen sich – wie könnte es anders sein – meist um Opal. Einen großen Teil meiner Zeit vor Ort verbringe ich auch jetzt wieder in Grawin. Direkt im Busch, im Minengebiet. Bislang hatte ich in der Mine eines Freundes mitgearbeitet, einfach, um mehr über Opale zu lernen. Und weil es Spaß macht und ein unglaubliches Erlebnis ist, wenn ich nach schweißtreibender Arbeit plötzlich tatsächlich auf Opal stoße. Die Farben sind oft so leuchtend, dass sie fast aus der Wand zu springen scheinen. Dann stehe ich da und staune nur … Aber leider sind diese Momente viel zu selten, denn oft habe ich wochenlang nur geschuftet, mit Presslufthammer-

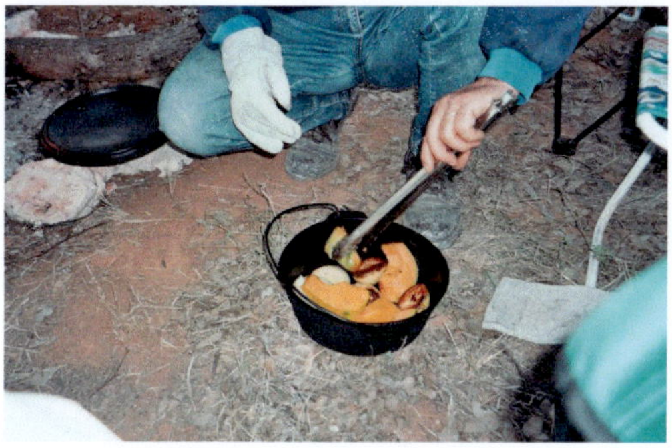

Kochen im billy, dem Lagerfeuertopf

Abendliches Lagerfeuer

mer, Schaufel und Schubkarre. Abends eine Zeit am offenen Lagerfeuer genießen, unter dem strahlenden Sternenhimmel Australiens, um dann irgendwann erschöpft ins Bett zu fallen.

Koroit (Queensland)

Reise 2007. Diesmal unterwegs mit Rick, seiner Schwester und ihrem Mann. Da ich inzwischen jedes Jahr zur Opalschau nach Yowah fahre, will ich nun auch einmal die Gelegenheit nutzen, um das Opalfeld von Koroit zu besuchen. Es liegt nämlich fast auf dem Weg von Lightning Ridge nach Yowah, ca. 100 km nordwestlich von Cunnamulla. Dieses Feld wurde zwar schon vor über 100 Jahren entdeckt, war aber im Vergleich zu anderen Opalfeldern in Australien nie besonders betriebsam.

Ortschild von Koroit

In Eulo lassen wir uns den Weg nach Koroit beschreiben. Und glücklicherweise sehen wir irgendwann eine junge Frau auf der Strasse laufen, in Stiefeln, Jeans und kariertem Hemd. Ihre langen Haare wehen im Wind. Wir fragen sie vorsichtshalber nochmals nach dem Weg – und wären sonst fast an dem „Ort" vorbeigefahren, denn viel ist wirklich davon nicht zu sehen. Da und dort mal ein Hüttchen oder eine Maschine – und das war's schon.

Opale werden begutachtet.

Ein kleines unscheinbares Schild weist darauf hin, dass man sich in Koroit befindet. Nach einigem Umherfahren und Suchen entdecken wir sogar einen Miner, der uns erklärt, wo wir vielleicht unser Nachtlager aufschlagen können. In Koroit wird Boulder-Opal in hell- bis dunkelbraunem Limonitgestein gefunden, und der Miner zeigt uns ein paar Opale, die er gefunden hat und am Wochenende auf der Opalshow in Yowah verkaufen will.

Bei einigen Stücken werden wir uns handelseinig. Da es schon zu dämmern anfängt und empfindlich kalt wird, sammeln wir Holz und entzünden ein Lagerfeuer. Bald gesellt sich ein abenteuerlich aussehender bärtiger Mann zu uns und erzählt von Koroit und von seinen eigenen Funden. Er lebt davon, den Abraum, den die Miner bei ihrer Arbeit hinterlassen, nach Opalen zu durchsuchen.

Ein kalter Abend am Feuer in Koroit

Am nächsten Tag tun wir es ihm nach, und wir durchsuchen eine Weile den überall herumliegenden Abraum. Als wir einige Rohsteine mit etwas Farbe finden, packt uns das Opalfieber, und wir gehen auf die intensive Suche nach Stücken, welche die Miner übersehen haben. Bei besonders schönen Steinen mit etwas mehr Farbe gibt es immer ein großes Hallo, und jeder wird zur Begutachtung zugezogen. Das macht richtig Spaß! Aber da die Opalshow schon morgen anfängt, müssen wir am Nachmittag weiter. Wir nehmen uns jedoch vor, im nächsten Jahr diese Tour mit etwas mehr Zeit zu wiederholen.

Yowah (Queensland)

Ein Roadtrain

Ein Platz fast am Ende der Welt. Ein Caravanpark mit einem winzigen Lebensmittelladen an der Rezeption, ein Café in der Nähe und viele kleine Häuser und Hütten. Das ist Yowah.

Ein Känguruh mitten im Caravanpark

Das Opal-Festival von Yowah

Morgens ist es noch frisch, es ist ja Winter!

Aber Mitte Juli versammeln sich hier jede Menge Leute, um am *Opal Festival* teilzunehmen, einer Ausstellung mit Verkauf unter freiem Himmel. Jeder Stand besteht aus einem Holztisch, auf dem geschliffene und rohe Opale ausgebreitet sind.

Ein opalisierter Dinosaurierknochen steht zum Verkauf.

Ein Boulder-Opal wird bewundert.

Das Licht der Sonne bringt die Farben der Steine zum Leuchten und Glühen. Es wird besichtigt, über Qualität diskutiert und natürlich gefeilscht, was das Zeug hält. Tagsüber diese unglaubliche Vielfalt von bunten Opalen und abends das Barbecue, mit einem riesigen Feuer, an dem ich mich im kühlen Abend wärme. Denn in Australien ist jetzt Winter, und obwohl die Tage mit 20 Grad Celsius und darüber warm sind, wird es nachts empfindlich kalt, teils mit Minusgraden.

Claim in Yowah

Ich trinke ein Bier, hole mir für ein paar Dollar das Gemeinschaftsessen auf einem Pappteller. Quatsche ein bisschen mit jemandem, der gerade neben mir steht, freue mich an der live Musik, die auf einer rustikal improvisierten Bühne spielt. Was für ein Abend!

Wer auf der Ausstellung Lust bekommen hat, selbst einen Opal zu finden, der kann sein Glück am nächsten Tag in einem dafür bereit gestellten *fossicker*-Gebiet versuchen. Dort ist Opal und besonders der begehrte *Yowah nut* Opal (Yowah-Nuss) in geringer Tiefe im Boden zu finden. Wer lange genug buddelt und siebt, wird meist auch irgendwann fündig. Manche brauchen allerdings Monate dazu.

Die Besonderheit von Yowah sind die eben erwähnten *Yowah nuts.* Die Yowah-Nuss ist so selten geworden, dass sie als Rarität gilt und je nach Qualität auch entsprechend stolze Preise hat. Die typische Yowah-Nuss sieht von außen aus wie eine Mandel oder Walnuss.

Besonders schöne Yowah-Nuss, gefasst in Gold mit verschiedenen Edelsteinen

Leuchtender Opal aus Yowah (9 × 6 cm)

Yowah-Nüsse

Es gibt sie in jeder Größe bis etwa Faustgröße. Wenn man diese Yowah-Nüsse dann aufbricht oder zersägt, kann bei viel Glück Opal in der Mitte enthalten sein. Dann leuchtet einem aus den beiden Hälften Opal entgegen, umgeben von braunem Muttergestein, meist Eisenstein. Man muss jedoch ein paar Tausend *nuts* aufbrechen oder – schneiden, bis man vielleicht mal eine Nuss mit Farbe findet. Insgesamt eine mühsame Angelegenheit: Erst einmal die Nüsse finden, sie dann aufknacken und falls Opal vorhanden ist, dann noch schleifen und polieren. Da aber Unmengen von Nüssen geöffnet werden müssen, bis man Opal findet, greift man oft zum Hammer – wobei leider oft der Opal zerstört oder verletzt wird. Die Nüsse mit der Diamantsäge aufzusägen ist das zwar schonender, aber auch wesentlich mühsamer. Weil es nur noch wenige Miner in Yowah gibt, ist das Angebot an Material auf dem Markt entsprechend gering. Ich selbst finde hier dann auch einige Opale mit etwas Farbe, aber nichts Großartiges …

Schild vom Campingplatz in Yowah

Was ich selbst an Yowah besonders attraktiv finde, sind die zum Caravanpark gehörigen Badekabinen: drei Räume mit Badewannen, in einer nach oben offenen Hütte. Dort kann man sich nach anstrengendem Tagewerk genüsslich in eine Wanne mit heißem Bohrwasser legen, das aus einem Kilometer Tiefe kommt, und den freien Himmel über sich betrachten. Einfach himmlisch!

2. Opale schürfen

Was ist ein Claim?

Ein *Claim* (dt.: Besitztitel an einem abgesteckten Schürfgebiet) in New South Wales (NSW) ist ein Stück Land mit einer Abmessung von 50 × 50 Metern. Wenn man eine neue Mine bearbeiten möchte, sucht man sich zunächst einen freien Claim aus, steckt an jeder der vier Ecken des Claims einen Eisenpfahl in die Erde und hat damit sein Gebiet markiert. An die nördliche Ecke kommt ein Schild mit dem eigenen Namen und dem aktuellen Datum. Dann wird der Claim genau mit Metermaß und Kompass nach den Himmelsrichtungen vermessen. Mit diesen Daten meldet man dann bei der Minenbehörde seinen Anspruch auf dieses Stück Land an und lässt den Claim auf seinen Namen registrieren. Man bezahlt dafür die entsprechende Gebühr und hat damit das Recht erworben, diesen Claim für die Dauer eines Jahres „auszubeuten“. Die Gebühr muss jährlich neu entrichtet werden.

In NSW ist es einer Person lediglich gestattet, zwei Claims zu besitzen. Dadurch wird gewährleistet, dass keine großen Minengesellschaften den Boden in großem Stil ausbeuteten.

Ein Claim wird erschlossen

Der Schacht ist gebohrt und gesichert.

Der Claim ist angemeldet, die Gebühr entrichtet. Nun kann die Arbeit beginnen. Zunächst wird ein Driller bestellt, das ist ein riesiger Laster mit einem Turmaufbau und einem Bohrer, der einen Schacht von gut einem Meter Durchmesser in die Erde bohren kann. Das dauert je nach Härte des Bodens und der Tiefe des Schachts ein bis zwei Tage. Entsprechend der Tiefe des Schachts sind auch die Kosten für das Drillen: in der Regel kostet ein Schacht ca. 1000 A$ (ca. 650 Euro). Manchmal ist der Boden besonders hart, dann muss gesprengt werden. Das macht die Sache schwieriger und verteuert natürlich die Kosten. Beim Hochbohren der Erde wird genau beobachtet, wie das Gestein aussieht, denn dabei zeigt sich, in welcher Tiefe sich eventuell eine opalhaltige Schicht befindet. Kommt sogar Potch oder etwas Opal zum Vorschein, wird die Erde nach jedem Bohrgang genau durchsucht, damit kein Opal übersehen wird. Hat man aber Glück und findet dabei einen schönen Stein, dann ist dies vielleicht schon der Ausgleich für die Bohrkosten!

Wenn der Schacht ausgehoben ist, gilt es die Leiter mit dem *hoist* aufzubauen, einer Art Flaschenzug oder elektrischen Winde. Der Hoist befördert über die Schachtleiter automatisch die Erde in einem riesigen Eimer nach oben und kippt sie über einen Bogen auf den Lastwagen. Der Schacht wird zunächst mit einer Stahlmanschette um den oberen Rand befestigt, damit kein loses Gestein von oben in den Schacht fallen kann. Diese Manschette ragt ca. 20 cm über den Boden. Diese 20 cm werden mit Erde angefüllt, um zu verhindern, dass bei Regen das Wasser in die Mine fließt.

Die einzelnen Leiterstücke sind etwa 2 m lang, sie werden nach und nach bis zu einer Tiefe von 6 bis 25 Metern hinab gelassen und dann miteinander verschraubt. Der Hoist wird an die Leiter geschraubt, und für die Stromversorgung werden Kabel nach unten verlegt. Nun werden die Leitern in der Wand des Schachts mit Stahlnägeln und Draht befestigt.

Hoist und Leiter sind aufgebaut.

Schacht von unten gesehen

Jetzt wird ein metallischer Stehplatz nach unten gelassen und an der Leiter befestigt, und zwar in der Höhe, wo sich die potentiell opalhaltige Erdschicht befindet. Man lässt einen hellen Strahler und einen Schlaghammer nach unten. Ein Mann kann auf diesem Tritt in der Tiefe stehen und muss nun so viel Erde und Gestein aus der Wand schlagen, bis ein kleiner Seitwärtsgang mit Stehhöhe entstanden ist. Die Erde fällt dabei nach unten in die Tiefe des Schachts, denn das Loch ist so tief gebohrt, dass die für den Seitwärtsgang aus der Wand geschlagene Erde nach unten fallen kann. Ist im Seitwärtsgang dann Stehhöhe erreicht, wird die Erde über den Hoist nach oben befördert und auf den Laster gekippt. Ist der Laster voll, wird der Abraum auf eine Halde gefahren und abgekippt. Will man nämlich den Claim nach dem gemieteten Jahr abmelden, muss er wieder in den ursprünglichen Zustand versetzt werden. Das heißt: alle Löcher müssen zugeschüttet werden, alle Erdhaufen beseitigt werden.

Probebohrungen

Bislang gibt es keine sichere Methode, Opal zu lokalisieren. Allerdings haben Forscher in letzter Zeit entdeckt, dass Opal ein radioaktives Glühen verbreitet. Dies könnte durch den Gebrauch spezieller Apparate geortet werden und würde die Opalsuche natürlich revolutionieren und beschleunigen, so Professor Lewis Chadderton von der *Australian National University*. Allerdings wird es dauern, bis in der Praxis entsprechende Messgeräte entwickelt worden sind und zur Verfügung stehen. Vorläufig sind Probebohrungen weiterhin erforderlich, um die Bodenbeschaffenheit und den Opalgehalt zu testen. Dazu werden mit einem riesigen Bohrer bis zu einer Tiefe von 30 Metern Löcher von ca. 23 cm Durchmesser in die Erde gebohrt. An der Beschaffenheit des Gesteins, das mit dem Bohrer nach oben befördert wird, kann man erkennen, ob der Grund Opal enthält. Die Probebohrung geht so vor sich: Ein Lastwagen mit dem aufgebauten Bohrer, ein so genannter „Augerbohrer", fährt auf den Claim. Er wird zu einer geeigneten Stelle ohne Baumbestand dirigiert.

Dann wird der Laster so positioniert, dass der Bohrer an der vom Claim-Besitzer gewünschten Stelle aufsetzt. Der 19 Meter hohe Bohrturm wird aufgestellt, der Bohrer beginnt sich in die Erde zu fressen. Unter kreischendem Drehen bohrt er sich Zentimeter um Zentimeter durch das harte Gestein. Nach ca. 3 Metern wird der Boden weicher, das laute Kreischen hört auf. Sand und weiches Gestein wird während des Bohrvorgangs nach oben gedreht.

Bei der ersten lehmhaltigen Schicht, dem ersten l*evel,* wird das hoch gebohrte Gestein genau kontrolliert. Enthält es *potch* (farblosen Opal) oder sogar schon Opal, hellen sich die Gesichter auf, denn dann besteht eine gute Chance für Opalfunde! Meistens ist jedoch

Der Lastwagen mit Bohrer wird in Stellung gebracht

Bohrer in Aktion

keine Spur von Opal zu sehen – und weiter geht die Bohrung bis zum zweiten Level in größerer Tiefe. Wieder wird das hochgebohrte Gestein mit Wasser besprüht, damit man die Farben besser sieht und so das Durchsuchen erleichtert. Kommt jetzt Opal oder wieder nur weißes Gestein. Wie geht es aber weiter, wenn die Probebohrung Erfolg verheißt und der Claimbesitzer sich an die Arbeit macht? Ich möchte Ihnen nun einen Tag aus meinem Dasein als Opalsucher schildern.

Ein typischer Tag beim Schürfen

Diesmal begleitet mich mein Partner Rick.

Der typische Tag im australischen Winter, welcher auf der südlichen Hälfte der Erdkugel von Juni bis September dauert, beginnt um sieben Uhr früh. Es ist noch sehr kalt, und mir fällt es schwer, aus dem warmen Schlafsack zu kriechen. Mit etwas Gymnastik bringe ich den Kreislauf in Schwung. Die Glut vom abendlichen Lagerfeuer reicht noch aus, um ein bisschen Holz zu entflammen und das Feuer wieder in Gang zu bringen. Ich wärme mich am Feuer etwas auf und bringe das Teewasser in einem Topf über dem Feuer zum Kochen. Ein paar Sandwichs mit heißem Tee, und fertig ist das Frühstück.

Rick und ich werfen jetzt den Generator an. Er wird mit Benzin betrieben und liefert den nötigen Strom für Hoist, Schlaghammer, Beleuchtung und Gebläse. Ein paar Worte zu unseren „Requisiten": Hoist ist wie beschrieben eine elektrische Winde, mit welcher die Erde nach oben befördert wird. Der elektrische Schlaghammer dient dazu, Lehm,

Das Camp mit Feuerplatz und Duscheimer

Erde, Sandstein und Steine aus der Wand zu hacken, um zum Opal vorzudringen. Die Strahler haben meist 500 Watt, damit man jedes Detail in der Wand erkennen kann. Das Gebläse steht oben neben dem Schacht und leitet frische kühle Luft über 12 cm dicke Rohre nach unten, denn unter der Erde wird es durch die eigene Körperwärme und die Lampen sehr warm – wärmer noch als an der Oberfläche!

Ein Teil der Ausrüstung: Stromgenerator und Schlaghammer

Nach dem Frühstück steigen Rick und ich in den Schacht und klettern die Leiter hinunter in die Tiefe. Es sind in diesem Fall 17 Meter, und hier geht dann ein Quergang von jeweils 2 Metern Höhe und Breite waagrecht vom Schacht ab. 7 Meter vom Schacht entfernt ist derzeit unser Arbeitsplatz.

Ich setze den gut 15 kg schweren Schlaghammer an und beginne große Brocken aus der Wand

Man at work

zu hämmern. Rick schaufelt den Dreck in eine Stechschubkarre, von den Minern *Rikscha* genannt, und fährt ihn zum Schacht. Dort wird der Dreck in den an der Winde hängenden Eimer gekippt und nach oben befördert. Wir wechseln uns alle halbe Stunde beim Hämmern und Schaufeln ab.

Hoist

Wenn der Lastwagen, auf den der Abraum gekippt wird, voll ist, fahre ich ihn zur Halde und entleere ihn.

Der Laster mit Abraum wird entladen

Ja, so kann es stunden-, tage-, wochen- oder gar monatelang gehen! Wenn man Glück hat und den richtigen Claim, sieht man auf einmal etwas Farbiges in der Wand leuchten. So leistet man je nach Kondition und Ausdauer den ganzen Tag oder mehrere Stunden Schwerstarbeit. Nur ein Opalfund würde alle Mühen mehr als entlohnen.... die Hoffnung treibt uns an. Müde und mit einer letzten Anstrengung klettern wir den so weiten Weg über die Leiter nach oben und kehren zurück zum Wohnwagen. Jetzt heißt es, ein Lagerfeuer zu entfachen, Wasser für eine „Dusche“ (aus dem Eimer mit einem Duschkopf unten dran) heiß zu machen, Tee und Abendessen zu kochen. Hier lernt man die „schnelle Küche“, denn nach all der mühsamen Arbeit bin ich froh, wenn das Kochen nicht zu viel Zeit und Arbeit erfordert.

Manchmal gibt es gegrillte Lammkoteletts mit Gemüse oder einen Eintopf. Um 18 Uhr schon wird es dunkel und nachts dann trotz des Lagerfeuers so frisch, dass ich mich bald in meinen Schlafsack verziehe. Auch ohne einen Opalfund entschädigt der riesige, klare Abendhimmel mit seinen blinkenden Sternen für jeden harten Tag.

Abendessen wird vorbereitet

Auch den Papageien schmeckt es.

Besuch von Känguruhs

Opal gefunden!

Heute bekommen wir Verstärkung: Cornelia aus Teneriffa! Lassen wir sie am besten selbst berichten:

„Monoton brummen die Motoren der Cessna. Ich bin die einzige Passagierin in der kleinen 4-sitzigen Maschine. Wie jedes Jahr habe ich mich für ein paar Wochen aufgemacht, um Helmut bei der Opal-Suche zu unterstützen – moralisch, aber auch bei der schweren Arbeit in der Mine. Die Maschine setzt auf, der Flug **von Walgett nach Lightning Ridge** hat eine halbe Stunde gedauert, und ich habe die einzigartige Landschaft am Fenster unter mir vorbeihuschen sehen. Rotbraune Erde mit unbekannten Bäumen und bunten Papageienschwärmen. Helmut holt mich ab. Wir fahren vom Flughafen nach Lightning Ridge, dem kleinen Ort, wo fast jeder jeden kennt. Freudig werde ich von Rick begrüßt.

Am nächsten Tag schon fahren wir drei hinaus zur Mine, eine Stunde dauert es, zum Teil auf unbefestigter Straße. Wer wird heute etwas finden? Helmut, ich, Rick in seiner eigenen Mine oder vielleicht unsere Nachbarn Bob und Jeff?

Es geht 33 Stufen auf der senkrechten Eisenleiter nach unten. Der gegrabene Tunnel misst schon 20 Meter, Lampen hängen an den Wegbiegungen. Die Arbeit mit dem Jackhammer übernimmt Helmut, ich bin für das Fortschaffen der herausgebrochenen Steine zuständig. Ich fahre sie in einer Schubkarre zum Schacht, leere sie in einen Behälter aus, der dann per Aufzug nach oben befördert und auf den Lkw gekippt wird. Alles hier unten ist schwere Arbeit, etwa 1400 Schaufeln am Tag braucht es, bis der 8-Tonner-Lkw voll ist – eben nur etwas für richtige Opaljäger!

Ein lautes Klopfen an der Eisenleiter unterbricht unsere Arbeit: Es ist Rick, wir sollen kommen. Er ist in seinem Claim auf Opal gestoßen und will uns teilhaben lassen an seiner Freude über den Fund. In seinem Claim stehen wir unten dann staunend vor der Wand, wo uns die Farben entgegen funkeln. Werden es Steine sein, die harten Untergrund haben, oder werden die Farben in den Händen zerbröseln? Alle sind wir voller Erwartung. Rick löst vorsichtig die Steine oberhalb der Opalschicht heraus, und dann holt er ein größeres Gestein samt Opal aus der Wand! Wir stehen staunend mit den Köpfen über das Opalstück gebeugt. Erst morgen, nachdem dieser wie alle Funde des Tages über Nacht in einer Trommel gereinigt worden sind, kann beurteilt werden, was sich zu schleifen lohnt. Und dabei gibt es oft Überraschungen: Mancher Fund sieht supergut aus, und dann bleibt nur viel Sand mit etwas Opal übrig, der sich nicht lohnt zu schleifen. Manch unscheinbares Stück wiederum entpuppt sich dann als Stück mit wunderschönen Farben.

Unser Freund Rick aber ist erstmal überglücklich, dass er endlich wieder etwas gefunden hat. Spät abends sitzen wir ums Lagerfeuer. Es gibt riesige Steaks, ein Glas australischen Wein. Über uns der klare Sternenhimmel mit den Tausenden von Sternen, wie es ihn nur hier im Outback gibt. Grillen zirpen, ein paar andere Tierstimmen sind zu hören. Sonst umgibt uns große Stille.

Nachdem wir drei Tage in der Mine gearbeitet haben, und wir uns Meter für Meter weiter vorgearbeitet haben, fahren wir zurück zum Ort, Lebensmittel und Benzin einkaufen. Abends dort im Club am Buffet treffen wir andere Miner. Die Stimmung ist großartig, jeder erzählt, was er so erlebt hat. Es wird gezockt, und so gehen spät am Abend dann einige mit ein paar Dollar mehr nach Hause, andere mit ein paar hundert Dollar weniger! Das Geld, so schwer verdient, wird auch leicht wieder ausgegeben. Und so beginnt das Abenteuer am nächsten Morgen wieder neu.

Morgens will der Lkw nicht anspringen. Die Batterie ist leer. Ein Freund hilft aus – wie überhaupt hier jeder jedem hilft. Die Miner, eine große Familie. Am Abend sitzen wir wieder am Feuer. Diesmal hat Jim, unser Nachbar zur linken Seite, versteinerte, opalhaltige Muscheln gefunden. Er schenkt mir eine, und ich freue mich riesig, denn sie hat sogar Farbe auf beiden Seiten. Ich werde ein schönes Schmuckstück daraus machen. Am nächsten Morgen fange ich gleich an, diese Muschel zu schleifen, bis sie die Farben ganz frei gibt. Das Schleifen ist nicht ganz so einfach, es braucht bis zu 10 Arbeitsgänge, bis ein Opal fertig ist. Das will gelernt sein.

Nun bin ich schon fünf Wochen hier, und wir haben noch nichts gefunden. Aber so schnell geben wir nicht auf. Jeder Morgen ist ein neuer Tag, ein neues Abenteuer. Mittags bereite ich einen leckeren Salat zu, und als ich hinabsteige um Helmut zu fragen, ob wir eine Mittagspause machen wollen, höre ich nur ein „Nein“. Ich schaue … und da, die ersten Spuren von Opal haben sich gezeigt! Ein Opal leuchtet uns aus der Wand entgegen, farbig und glitzernd, als würde ihn ein Scheinwerfer von hinten beleuchten. Grosse Freude! Nun bleibe auch ich unten, der Salat kann warten.

Hier ist Opal!

Staunend betrachten wir das Farbspiel. Wir könnten den Opal, der im Gestein leuchtet, mit einem Schraubenzieher aus der Wand lösen oder aber erst das Gestein unter dem Opal aus der Wand entfernen und ihn dann herauslösen. Oft sind in der näheren Umgebung eines Fundes noch weitere Opale. Darum heißt es sehr vorsichtig vorzugehen. Helmut wählt den Schraubenzieher und löst behutsam den Opal aus. Voll Bewunderung betrachten wir seinen Fund von allen Seiten, soweit die Farbe nicht von Gestein verdeckt ist. Dann legen wir ihn sorgsam in den Eimer und hoffen natürlich, dass noch ein paar seiner Opal-Kollegen dazukommen werden. Wir sind happy!“

Opalfund

Opal in der Wand

Noch ein Fund

Ein paar Tage später. Wir heben mit einem riesigen Bohrer einen neuen Schacht aus. Weil der Boden hart wie Beton ist, muss zweimal gesprengt werden. Nach zwei Tagen ist endlich die potentiell opalhaltige Schicht erreicht. Tatsächlich bringt der Bohrer Potch und auch etwas farbigen Opal nach oben.

Unsere Freude und Aufregung ist groß, denn das kommt selten vor.

Also den Hoist aufbauen, die Leitern in den Schacht hinab lassen und in der Schachtwand befestigen. Ich steige zum Opal-Level, der potentiell opalhaltigen Schicht, hinab und beleuchte die Schachtwände. An einigen Stellen ist Potch zu sehen, und an einer Stelle leuchtet ein grünes Pünktchen auf …

Riesenfreude!

Opal leuchtet in der Wand.

Ein über der Tiefe des Schachts hängendes Metalltrittbrett wird an der Leiter befestigt, auf das ich mich stellen kann. Mit dem elektrischen Schlaghammer hole ich nun so vorsichtig wie möglich das Gestein unterhalb des Potchs aus der Schachtwand, um mir eine Standfläche zu schaffen. Die Steinbrocken poltern in die Tiefe. Endlich stehe ich unterhalb des grünen Pünktchens, entferne weiterhin sehr vorsichtig das Gestein darüber und daneben. Trotzdem bricht dabei ein Stück Potch ab – und plötzlich leuchtet mir Opal in den wunderschönsten Farben aus der Wand entgegen.

Vorsichtiges Herauslösen der Opale

Der Fund

Adrenalin schießt durch meinen Körper. Ich kann es erstmal gar nicht fassen – Opal! Eine Farbenpracht ohnegleichen. Das sind Augenblicke, die ich mein ganzes Leben nicht vergessen werde. Der Ausgleich und Lohn für alle die Monate der Schufterei und des Frusts, der mich wie jeden Miner manchmal überfällt. Nicht der Wert des Opals, sondern dieser eine Moment des Glücks, der Freude und des Staunens. Yes, Sir!

Potch mit etwas Farbe

Behutsam schaffe ich nun Raum um den Opal, um ihn schließlich aus der Wand zu lösen. Leider zerbricht der große Stein beim Herauslösen in mehrere kleinere Stücke. Aber das passiert oft und ich genieße trotzdem den Anblick der leuchtenden Farben.

Noch Wochen später freue ich mich jeden Tag, wenn ich die Steine und ihr Farbenspiel betrachte, habe Freude daran, sie in Wasser zu legen, damit die Farben besser leuchten, und vielleicht etwas an ihnen herumzuschleifen.

Der Schrecken im Outback

Mein Sohn Simon wird eine Nacht nicht so schnell vergessen. Beginnen wir aber mit dem Tag … und lassen Simon selbst berichten.

„Wir schlafen noch einem neuen harten Arbeitstag entgegen, als unser Kumpel Paul uns gegen 7 Uhr morgens durch das Anhäufen von trockenem Feuerholz weckt, um einen Kaffee zu kochen und sich an dem warmen Lagerfeuer zu wärmen. Verschlafen stecken wir unseren Kopf aus dem Wohnwagen hinaus ins Licht des Morgens. Die ersten Sonnenstrahlen kommen zum Vorschein. Dennoch ist es draußen bitterkalt, und die Nacht war wohl eisig. Ich würde das nicht behaupten, wenn Paul mir nicht die abgebrochenen Eiszapfen zeigen würde, die sich über Nacht an seiner Nase gebildet haben! Er liebt es nämlich, unter freiem Himmel zu schlafen, mit seiner Schaumstoffmatratze, seinem Kopfkissen und seinem Schlafsack, am besten dicht am Lagerfeuer und mit der Pudelmütze, die er sowieso kaum abnimmt, fest über die Ohren gezogen. Nur in Ausnahmefällen klopft Paul mal an die Tür des Wohnwagens, etwa um sich vor einem Platzregen ins Trockene zu retten. In Australien kann sich das Wetter ziemlich schnell wenden. Da es keine größeren Vorwarnungen gibt, muss man stets auf alles gefasst sein.

An diesem Morgen nun will ich nicht aufstehen. Mein wohlig warmer Schlafsack will mich einfach nicht loslassen, ich kriege schon Gänsehaut, wenn ich nur zur Türe rausschaue. Doch das soll sich schnell ändern, denn mein Vater lockt mich mit einem lukullischem Frühstück raus an die frische Luft, mit frischem Kaffee, gekochten Eiern, verschiedenen Wurstsorten, Käse, Marmeladen und Brot, raus an die frische Luft, wo alles schön auf dem kleinen Tisch neben dem Lagerfeuer platziert ist und auch Paul schon wartet. Also hinaus in die Kälte, um frisch gestärkt dann unsere Opalsuche fortzusetzen.

Breakfast!

Wir haben seit etwa drei langen Wochen nur ein paar spärliche Opalkrümel gefunden. Die einzige Motivation, die uns über diese Zeit aufrecht erhalten hat und jeden Morgen antreibt, ist die Tatsache, dass das Nachbarlager Glück hatte – die Miner hatten schon nach 3 Metern und ohne weitere Anstrengungen einen Opalfund im Wert von mehreren 10.000 Dollar gemacht! Und … dies an der Grenze zu unserem eigenen Claim. (Allerdings wurde nie ganz klar, ob sie diesen Fund wirklich nur auf ihrer eigenen Seite des Claims machten oder ob nicht zumindest ein Teil auch von unserer Seite stammte. Beweisen aber können wir nichts ...)

Paul, mein Vater und ich machen uns also wieder auf den Weg, steigen den 20 Meter tiefen Schacht hinab, der uns in unsere Mine führt. Wir wechseln uns mit dem Schlaghammer ständig ab, da dieser mit der Zeit immer schwerer wird und an unseren Kräften zehrt. Tonne für Tonne schaffen wir Erde und Geröll an die Oberfläche, mittels Schaufel, Karren und Lastenaufzug Marke Eigenbau, um an unser ersehntes Ziel zu kommen. Doch dieses Ziel soll lange noch nicht erscheinen, was wir natürlich nicht ahnen... So machen wir einfach weiter, immer weiter. Die Scheinwerfer, die wir in der Mine platziert haben, um den Opal besser entdecken zu können, geben sehr viel Hitze ab. Abgesehen von der körperlichen Arbeit fließt der Schweiß also in Strömen, und schnell sehne ich mich nach etwas kühlem, frischem Wasser.

Im Claim bei der Arbeit

Mein Vater aber ist immer der Ansporn in unserer Truppe, er kann tagelang bohren ohne sich auch nur einmal zu beschweren. Das Opalfieber hat ihn eben gepackt! Wenn man längere Zeit keinen Opalfund macht und entmutigt wird, halten die Einheimischen hier eine DVD bereit mit einer Reportage über die Opalsuche – und natürlich die großen Funde und wie glücklich und reich man werden kann, wenn man Opale findet! Sinkt einmal Mut, Motivation und Ausdauer unter uns Minern, dann schauen wir uns einfach die DVD an, um uns wieder neu begeistern zu lassen.

Riesige Tausendfüssler begleiten uns auch heute wieder bei der Arbeit, sie fühlen sich wohl ein bisschen durch unseren Lärm in ihrem Erdleben gestört, oder fühlen sich von dem Licht des Scheinwerfers angezogen. Ich weiß es nicht. Die Sache ist nur, dass sie nicht gerade angenehm aussehen. Vor allem versuchen wir, ihren giftigen Stacheln auszuweichen. Da ich nicht viel über die australische Fauna kenne, aber schon viel von den giftigen Tieren des Outback gehört habe, versuche ich stets einen großen Bogen um sie zu machen.

Wenn in der Mine nicht gebohrt wird, herrscht vollkommene, tiefe Stille. Im weiten Dunkel kann man sich vorstellen, man sei gerade in ein riesiges Loch gefallen. Nur manchmal unterbricht entfernt Pauls gelegentliches Stöhnen die Stille, der immer sehr angestrengt in die Schachtwand hackt und sich des Öfteren des Satzes „erstmal schee (schön) Pause machen“ bedient, bevor er weiter arbeitet. Paul ist wie Dynamit, voller Eifer und Energie, explosiv … geht daher auch schnell in die Luft, oder besser gesagt: diese geht ihm schnell aus, wenn Paul dann an verschiedenen Stellen zu bohren begonnen hatte, ohne Erfolg – und kapituliert!

Lachender Hans oder Coocaburra besucht uns im Camp.

Heute nun geht uns nach mehreren Stunden Bohren auf einmal der Strom aus. Es ist stockdunkel im Schacht. Der Stromgenerator hat den letzten Tropfen Benzin verbraucht, die Stromversorgung ist gekappt. Wir suchen verzweifelt nach unserer kleinen Taschenlampe, die wir glücklicherweise dabei haben. Ihr Lichtstrahl weist uns schließlich den Weg, und nachdem wir drei ein paar Mal über größere Steine stolpern, erreichen wir die Leiter. .Wir füllen den Generator mit dem Benzinkanister wieder auf und setzen die Maschine wieder in Gang. Nach einem kleinen Mittagessen geht es wieder für ein paar Stunden hinab in die Mine. Gegen17 Uhr hören wir mit der Arbeit auf, denn Holz für das abendliche Lagerfeuer muss noch gesucht werden und bald schon wird es dunkel. So nutzen wir die letzten Sonnenstrahlen. Paul fegt wie in einem kleinen Abendritual noch den Lagerplatz, der zwar nur aus Erde besteht, aber durch Pauls Säuberung aufgeräumter wirkt. Außerdem, so sagt Paul, hat er das bei einem indischen Nomadenstamm gelernt, dort war er nämlich stets für das Lagerfeuer und warme Schlafplätze zuständig. Ich kümmere mich um das Feuerholz, wovon es in dieser kargen Gegend mehr als genug gibt, und mein Vater kümmert sich am liebsten um die Küche. Kochen ist eine seiner Leidenschaften.

Dann zündet Paul das Lagerfeuer an, wir legen ein paar dicke Holzscheite in die Glut. Ein großer Topf mit Wasser wird erwärmt, damit wir uns den Staub der Mine mittels der selbst gebastelten Dusche unter freiem Himmel vom Leibe waschen können. Welch Genuss, das warme Wasser! Frisch geduscht, in sauberen Klamotten und gut genährt sitzen wir dann ums warme Lagerfeuer. Die Nacht bricht herein, mit kaltem Wind. Bei einem guten Glas Portwein oder heißem Tee erzählen wir uns Lagerfeuer-Stories oder analysieren den vorüber gegangenen Tag.

Heute kommt unser Nachbar Rick mit seinem Hund „Potch" vorbei, der diesen Namen, das Muttergestein des Opals, erhielt, weil sein Fell wie oft der Potch weiß mit schwarzen Flecken getupft ist. Rick ist die klassische Mischung aus John Wayne und Mac Giver, ihm fehlt eigentlich nur der Cowboyhut, er hat grobe Hände und tiefe Falten im Gesicht, trägt Jeans und karierte Hemden, hat immer ein fröhliches Lächeln im Gesicht und ist stets bereit, jedem unter die Arme zu greifen. Er ist sehr pfiffig und hat das Talent, sich aus vielen unbrauchbaren Sachen etwas Grandioses und Nutzvolles zu basteln. Ein Aussteiger ist er, verließ vor vielen Jahren seine Familie und die Gesellschaft. Er war erst ein erfolgreicher Goldsucher, bevor er sich in das abgelegene Nest Lightning Ridge zurückzog. Wenn es ihm im Ort zu langweilig ist oder er wieder Geld braucht, fährt er raus zu seiner Mine und sucht weiter nach Opalen. Heute war mal wieder einer dieser Tage, Rick hat – wie wir auch – einen harten Arbeitstag hinter sich gebracht. So sitzt er nun bei uns am Lagerfeuer, erzählt die neuesten Nachrichten. Da er schon viele Jahre hier lebt, kennt er natürlich sehr viele Leute und ist über alles informiert. Wir lachen viel, reden noch eine Weile, bis es uns zu kalt wird und Rick sich verabschiedet. Auch wir verziehen uns in unsere Schlafsäcke. Diesmal will Paul bei uns im Wohnwagen schlafen. Unser Körper freut sich über ein bisschen Erholung. Ich schlafe sehr schnell ein.

Mitten in der Nacht werden wir durch berstendes Holz, lautes Knurren, Geräusche und animalische Schreie unsanft aus unseren Träumen gerissen. Es hört sich so an, als käme ein riesiges Wesen herbeigestampft, ginge auf ein anderes los und risse dabei jedes sich ihm in den Weg stellende Hindernis um. Mein erster schrecklicher Gedanke ist, dass dieses große Vieh unseren Wohnwagen rammt. Ich halte den Atem an, alle drei lauschen wir nur gebannt auf das Stapfen und Grunzen. Nur gut, dass Paul diese Nacht nicht draußen schlafen wollte! Keiner traut sich, die Tür des Wohnwagens aufzumachen, alles ist still zwischen uns. Paul meint, es könne sich um zwei rivalisierende Kängurus handeln, die ihr Revier verteidigen wollen. Aber diese brutalen Geräusche? Ich weiß nicht. Minuten ziehen sich in die Länge, scheinen zu Stunden zu werden. Wir machen keinen Mucks. Schließlich entfernt sich das Geräusch. Paul schaut nach draußen, aber nichts ist mehr zu sehen. Erschöpft schlafe ich endlich wieder ein.

Vielleicht war es die australische Version des Yeti oder Grislybären? Ich weiß es nicht. Jedoch freue ich mich im Einschlafen auf einen neuen Morgen und die warmen Sonnenstrahlen. Und auf das üppige Frühstück meines Vaters.

3. Die Miner

Das Dilemma des Miners

Was bewegt einen Menschen, sich dem harten Leben in den Minen zu widmen, Miner zu werden? Die Rauheit des Lebens im Outback einem bürgerlich-geordneten Dasein vorzuziehen? Es ist sicher das Abenteuer – vor allem aber natürlich die Hoffnung, durch Opalfunde reich zu werden. Wie aber sieht es aus? Findet der Miner nach wochen-, monate- oder sogar jahrelanger Arbeit endlich Opal, dann muss er seinen Fund meistens sofort verkaufen, um seine Schulden zu bezahlen und die laufenden Kosten zu decken. Aber nun stellt sich ihm die Frage, ob er den Opal roh, also unbearbeitet, verkaufen oder ihn vor dem Verkauf erst schleifen lassen soll. Das Dilemma ist folgendes: verkauft er den Opal roh, so bekommt er das, was der Stein wert zu sein scheint. Im Rohzustand sieht man vom Opal allerdings meist nur einen Farbstreifen an der Seite. So könnte es also durchaus sein, dass sich im Gestein ein sehr guter Opal verbirgt! Entscheidet sich unser Miner nun dazu, den Stein zu schleifen, geht er das Risiko ein, Sand oder keine Farbe in der Mitte des Steins zu finden und somit gar nichts oder noch weniger als im Rohzustand dafür zu bekommen. Denn schaut man den Opal im Gestein an, so sieht man meistens einen Farbstreifen. Man kann daran nicht erkennen, ob der Stein an der Oberfläche durchgehend Farbe enthält oder ob Sand eingeschlossen ist. Man müsste ihn eben erst schleifen, um Näheres zu erkennen. Schleift man ihn jedoch und er hat Fehler, dann ist er wertlos. Oder weniger wert, als wenn man ihn im Rohzustand belassen hätte: der potentielle Käufer hätte darin immer noch einen wertvollen Stein vermuten können! Und hätte möglicherweise dem Miner in dieser Hoffnung ein besseres Angebot

Schwarze Opale roh

Aus einem dieser Rohsteine geschliffener Opal, 5,36 ct

gemacht. Hat der Miner jedoch Glück, und es kommt beim Schleifen ein schöner Opal zum Vorschein, dann erzielt er natürlich einen weit besseren Preis als er für den Rohstein erhalten hätte!

Ratters – und was sie treiben

Für den Miner, der seinen Claim ordnungsgemäß angemeldet hat und ganz legitim seiner Opalsuche nachgeht, gibt es eine besondere Gefahr: die *ratters* (abgeleitet von engl. *rat* = Ratte). Die Ratters kommen zumeist des Nachts. Ihre Absicht ist es, auf leichterem Wege und ohne eigene Kosten an Opal zu kommen, nämlich auf Kosten anderer – durch Diebstahl. Sie verschaffen sich Zugang zu einer fremden Mine, ein Beobachter wird am Mineneingang postiert, um die anderen bei Gefahr zu warnen. In der Mine arbeiten die Ratter den Opal aus den Wänden und verschwinden heimlich still und leise mit ihrer Beute. Meist passiert das, wenn bekannt geworden ist, dass ein Miner guten Opal gefunden hat. Kommt der Miner morgens dann an seinen Arbeitsplatz in die Mine zurück, sieht er sich um den Lohn seiner harten Arbeit betrogen.

Eine andere Form des *ratting* ist es, im eigenen Claim über die Grenze in das Nachbarclaim hinein zu arbeiten und von fremdem Grund Opal herauszunehmen. Dieses *ratting*, der Übergriff auf einen fremden Claim also, kann mit Strafen von 1000 A$ (ca. 650 Euro) pro foot (1 *foot* = 33 cm) geahndet werden!

Die Story von Russ Mules

Russ lernte ich auf der Opalshow in Yowah kennen. Hier seine Story, wie er sie mir am Lagerfeuer in Yowah erzählte – die Geschichte eines Miners:

Russ kam am 3. September 1950 in Victoria, Australien zur Welt. Schon von klein auf hatte er eine Verbindung zu Opalen: Sein Großvater begann 1850 als Verwalter auf einer Schafsfarm in Acuna in der Nähe von Woomera in Südaustralien und fand dort schon im Jahr 1910 Opale. Russ' Vaters Hobby war es, Steine zu schleifen und Goldschmiedearbeiten zu machen. Als Russ 7 Jahre alt war, ging sein älterer Bruder John nach Coober Pedy. Bereits mit 10 Jahren machte Russ mit den Eltern seinen ersten Trip dorthin, um den Bruder zu besuchen. 1969 – Russ war also 19 Jahre alt – zog er selbst nach Coober Pedy, um Opale zu schürfen. Zu dieser Zeit war einer seiner Brüder bereits Opalgroßhändler in Melbourne. Über 10 Monate lang arbeitete Russ nun mit zwei Partnern in einer Mine. In späteren Jahren, als diese Partnerschaft aufgelöst war, erfuhr Russ, dass einer dieser Partner

Russ

die eigene Frau samt Geliebtem erschossen hatte und dafür ins Gefängnis gekommen war. Ja, es war eine wilde Zeit. Wenn Opal gefunden wurde, gab es eine Feier – wurde nichts gefunden, spülte man den Frust mit Alkohol runter. Wilde Partys und viel Alkohol waren an der Tagesordnung. Coober Pedy war schon damals eine florierende Opalstadt. Die Erfindung der Tunnelmaschine (das ist eine große Maschine, die sich ins Gestein fräst) und großer Bohrmaschinen ermöglichte das Schürfen nach Opalen in großem Stil und brachte viel Geld in die Stadt. Die Tage waren heiß und die Nächte lau. Man arbeitete meist von 6 Uhr morgens bis 14 Uhr durch, um dann diverse wohlverdiente Drinks im Pub zu nehmen.

Coober Pedy bot damals sowohl die Möglichkeit zu schnellem Reichtum, aber auch Gefahren für Leben und Gesundheit. Russ arbeitete hart, den ganzen Winter über und zumeist mit wenig Erfolg. Einmal löste sich in der Mine, die er mit seinen Partnern betrieb, ein 500 kg schwerer Felsbrocken von der Decke. Glücklicherweise wurde niemand verletzt. Es war eine erste Warnung. Ein anderes Mal kletterte Russ den Schacht hinunter, um aus dem Eimer, den er hinuntergelassen hatte, den Sprengstoff und die Zündschnüre zu holen. Aber der Eimer enthielt nur den Sprengstoff, die Zünder fehlten. Und gerade, als er den Sprengstoff aus dem Metalleimer nehmen wollte, hörte er die Stimme seines Partners von oben, der ihm zurief: „Jetzt werfe ich dir die Zündschnüre runter." Und die Schnüre mit den anmontierten Zündkapseln kamen in einer Plastiktüte geflogen – wie leicht konnten sie beim Aufschlag explodieren und den Sprengstoff zünden! Zu spät, um wegzurennen. …. So blieb Russ stehen, konnte aber die Tüte glücklicherweise auffangen. Die zweite Warnung! Wenige Wochen später entdeckten die Partner beim Wegräumen des Schutts nach einer Sprengung einen wunderschönen Opal der besten Qualität. Fast 500 Gramm im Wert von damals 6000 Pfund (ca. 12.000 Euro, das wären in heutige Maßstäbe umgerechnet, wenn man Geldwert und Kaufkraft berücksichtigt, ca. 80.000 Euro).

Das war der erste ordentliche Fund, und mit seinem Anteil würde Russ bis Weihnachten alle Kosten bestreiten können. Mitte November machte nun jeder bereits Pläne wegzufahren, weil es zu heiß wurde. (Australischer Sommer ist von Dezember bis Februar). Russ wollte jedoch vor Ort bleiben und baute sich als Schutz vor der Hitze einen dug-out, eine unterirdische Wohnung.

Dann kam der 15. November 1969. Ein Abend im Pub mit viel Tanz und noch mehr Alkohol. Russ und die Partner lernten ein paar Mädchen kennen. Sie erzählten vom Schürfen und vom Opal, und die Girls wollten unbedingt einen Claim besichtigen. Es war schon spät, aber sie beschlossen, raus zu fahren auf das Feld und den Damen ihre Mine zu zeigen. Dort angekommen, wurde der Generator gestartet, und bald war die Mine hell erleuchtet. Einer nach dem anderen kletterte den Schacht hinunter. Die Mädchen waren fasziniert von der Mine mit den vielen Gängen – ein richtiges Labyrinth! Während es oben um den Mineneingang herum eher einer Mondlandschaft glich, sah es unten aus wie in einem Kaninchenbau. Die Miner, nicht mehr ganz nüchtern, kamen nun auf die Idee, die Mädchen zu erschrecken. Zwei Miner kletterten die Leitern hoch und holten zwei Stangen Dynamit aus dem Pick-up, dem Pritschenwagen, versahen sie mit extra langen Zündschnüren und warfen sie in einen verlassenen Schacht in der Nähe ihrer Mine. Dann stiegen sie wieder hinunter zu den anderen. 5 Minuten später gab es eine gewaltige Explosion, die den Grund erschütterte. Die Mädchen waren furchtbar erschrocken, und die Miner bogen sich vor Lachen.

Dann kletterten alle wieder nach oben, Russ als Letzter. Oben angekommen, sah er die anderen schon im Pick-up sitzen – drei vorne und vier hinten. Kurz bevor Russ den Wagen erreichte, fuhr der Fahrer los, Russ hinterher, und nach ein paar Metern stoppte der Fahrer wieder. Und nochmals das gleiche Spiel. Beim dritten Versuch, aufzuholen, sprang Russ an die Ladeluke hoch und krallte sich fest. Aber da der Fahrer nicht verlangsamte und Russ über den Boden mitgeschleift wurde, ließ er los und knallte hart auf die Erde.

Er schüttelte den Dreck ab, prüfte die Knochen, und da der Pick-up nun außer Sicht war, beschloss er, die 5 Meilen zurück in den Ort zu laufen. Aber Russ hatte total die Orientierung verloren. So kam er auf die Idee, auf einen Abraumhügel zu steigen, um nach den Lichtern des Stadthotels zu suchen. Dieser Hügel jedoch bestand aus rutschigem Geröll, und Russ segelte auf der anderen Seite des Hügels wieder hinunter. In der Dunkelheit sah er einen schwarzen Kreis auf sich zukommen – und dann nichts mehr. Tiefe Ohnmacht umfing ihn.

Seine erste Wahrnehmung dann war Tageslicht, das durch den Schacht nach unten drang. Russ befand sich auf dem Boden eines sehr tiefen Schachtes und merkte, dass etwas total schief gelaufen war. Er konnte vom Nabel abwärts nichts mehr spüren. Das war der Beginn des längsten Tages seines Lebens!

Russ schrie um Hilfe. Er schlug mit Felsbrocken gegen die Wand. Er pfiff. Aber alles ohne Erfolg.

Außen und um ihn herum in den Minen ging das Leben weiter. Es wurde geklopft und gehämmert. Er hörte Explosionen von Sprengungen und sogar die Geräusche von einem Flugzeug. Gegen Abend glaubte er, dass dies der letzte Tag seines Lebens gewesen war. Mit einem spitzen Stein schrieb Russ seinen Namen an die Schachtwand und versuchte dann zu schlafen. Das Zuschlagen einer Wagentüre schreckte ihn aus seinem Halbschlaf wieder auf, und er schrie, so laut er vermochte. Allein mit dem Ergebnis, dass er hörte, wie das Auto sich wieder entfernte.... Eine Weile darauf hörte er erneut eine Autotüre zuschlagen, und Russ schrie noch lauter. Einige Minuten später leuchtete der Strahl einer Taschenlampe zu ihm herunter. Jemand rief: „Ist da jemand?“ „Und das, ja das war eines der schönsten Geräusche, die ich in meinem Leben jemals gehört habe“, sagte mir Russ mit einem glücklichen Seufzer. Man wollte ihm nun einen Strick herunter lassen, aber Russ war ja nicht in der Lage, daran nach oben ans Tageslicht zu klettern. So kam schließlich ein Mann die 18 Meter zu ihm in die Tiefe hinabgeklettert und legte sich schützend über den verletzten Russ, um ihn mit seinem Körper vor herab fallenden Steinen zu beschützen. Eine Winde wurde aufgebaut. Aber Russ erschien es wie eine Ewigkeit, bis etwas passierte. Das Nächste, was er in seinem Zustand wahrnahm, war eine Krankenschwester, die zu ihm heruntergeklettert kam. Sie gab ihm eine schmerzstillende Spritze. Dadurch war es dann möglich, ihn auf eine Bahre zu binden, um ihn nach oben zu ziehen. Was natürlich nicht so einfach war, in einem Schacht von einem Meter Durchmesser!

Endlich oben angekommen, wurde Russ auf der Ladefläche eines Wagens sehr, sehr langsam die 5 Meilen ins Hospital nach Coober Pedy gebracht. Als er um 23 Uhr dort ankam, war er so durstig, dass er erstmal Unmengen von Wasser trank und ihm danach ganz übel wurde. Irgendwann später in der Nacht wurde er zum Flughafen gebracht. Dort hatten sich alle Einwohner von Coober Pedy mit ihren Autos versammelt und erleuchteten die Landebahn mit den Scheinwerfern ihrer Autos, um den *flying doctors* die Landung zu ermöglichen. Mit dem kleinen Flugzeug brachten ihn die *flying doctors* nach Adelaide ins Royal Hospital, wo Russ innerhalb der nächsten 24 Stunden operiert wurde und man ihm zwei zersplitterte Wirbel entfernen musste.

Als er nach der Operation aufwachte, fühlte er sich dem Leben wiedergegeben und sah die Welt mit neuen Augen. Er war glücklich, dass er überlebt hatte. Selbst als man ihm sagte, dass er nie wieder würde gehen können…. Aber sie hatten nicht mit Russ gerechnet. Er strafte ihre Worte Lügen, als er mit der Zeit vom Rollstuhl zu Krücken und von den Krücken schließlich zu einem Gehstock wechselte. Russ hat heute zwar immer noch Probleme beim Laufen, hat kein Gefühl mehr in den Füssen, aber er ist glücklich über seine neue Chance. Wohl geht er am Stock, aber ich habe ihn als einen sehr positiven aufgeschlossenen Menschen erlebt.

Russ lernte nach diesem Ereignis, Opale zu schleifen. Er zog nach Melbourne und schliff Opale für 50 Cents pro Stein, zunächst per Hand und später mit Maschinen. Diese Arbeit liebte er. Ja, er empfand die Arbeit mit den wunderschönsten Steinen der Erde als außergewöhnliches Privileg. 1979 heiratete Russ eine Halbindianerin mit dem Spitznamen *Midnight*, „Mitternacht". Sie verkauften gemeinsam Schmuck auf den Märkten und nannten ihr Geschäft „Midnight Jewellry". 1987 wurde die Ehe wieder geschieden und das Geschäft aufgegeben.

Sechs Jahre lang versuchte Russ nun, sich zu Tode zu trinken, was ihm aber nicht gelang. Erst durch einen Hospitalaufenthalt und die Anonymen Alkoholiker gelang es ihm, aus der Sucht auszusteigen. 1991 lernte er seine jetzige Frau Nell kennen. Sie fuhren mit dem Auto auf die Märkte und kamen schließlich zu dem Opalort Yowah, wo ihr Auto versagte. Da sie kein Geld mehr hatten, blieben sie einfach dort. Inzwischen leben die beiden in Rochester am Mary River und kommen jedes Jahr nach Yowah, um Opale zu suchen. Auch heute schleift Russ wieder Opale, und zwar Matrix Boulder-Opal Tripletten (das sind dünne Scheiben von schönem Boulder-Opal, die zwischen 2 Scheiben geklebt werden, unten aus Eisenstein, oben aus Glas), daher der Name seines neuen Geschäfts, „Matrip" (**Ma**trix **Trip**letten).

Nach seinem schönsten Erlebnis bei der Opalsuche gefragt, erzählt Russ: „Im Jahr 2003 fand Nell in nur 15 cm Tiefe im Boden eine Yowah-Nuss – im Wert von 15.000 A$ (ca. 10.000 Euro). Und nur 20 Minuten später, stell' dir das vor, hole ich doch ein Stück weiter noch eine Yowah-Nuss von 248 Karat aus dem Boden, im Wert von 10.000 A$ (6.500 Euro)!"

Russ mit seiner Frau Nell

Pokies oder Let's have some fun!

Die große Leidenschaft vieler Australier sind die Pokies, die Poker-Spielautomaten. Australier lieben Abkürzungen. Aus „Thank you" wird „Ta", aus „Darling" „Darl" usw.. . Lediglich in Westaustralien sind die Pokies nicht erlaubt.

Nun sind Pubs und Clubs meist gut mit Pokies ausgestattet, denn erstens zieht das Kundschaft an, und zweitens ist es ein gutes Geschäft. Übrigens sind Clubs aller Couleur in Down Under weit verbreitet – eine weitere Vorliebe der Australier. Es gibt Clubs für alles Mögliche, z. B. für Veteranen, Sportarten, Nationalitäten (z. B. spanischer Club) etc.. Sogar kleine Ortschaften haben meist einen Club. Dort gibt es dann eine Bar, oft auch ein Restaurant, die Pokies und andere Annehmlichkeiten, um die Freizeit zu gestalten.

Lightning Ridge etwa, unser Opal-Städtchen, hat wie erwähnt einen großen Bowling Club. Hier gibt es neben Bar, Restaurant, Bistro, Billardsaal und natürlich Pokies auch noch viele Bowlingbahnen im Freien. Am Wochenende machen oft Bands flotte Musik, und immer ist der Club gut besucht. Und klar… ein hübsches Sümmchen aus dem Erlös ihrer Opalfunde stecken manche Miner eben in die Pokies. Diese Automaten sind schon lange keine Pokermaschinen oder one-armed-bandits, einarmige Banditen, mehr, sondern ausgeklügelte Spiele mit vielerlei Extragewinnmöglichkeiten. Bei den meisten Maschinen kostet ein Spiel nur 1 Cent, da aber die Gewinnmöglichkeiten mit einem Cent sehr beschränkt sind, spielt fast jeder höher, oft mit bis zu 5 Dollar und mehr pro Spiel. Ein Spiel, mit Musik und vielen bunten Bildern auf dem Bildschirm unterlegt, dauert etwa 10 Sekunden. Je nach Glück und Geldbeutel verbringen einige Spieler mehrere Stunden vor den Automaten.

„Yeah, mate, let's have some fun! " Los, lass uns Spaß haben, Kumpel! ist die Devise nach einem harten Arbeitstag in der Mine. Miner sind ja im Innern oft Glücksritter, und so passen die Pokies gut ins Gesamtbild der Szene.

Auf der folgenden Doppelseite finden Sie eine Übersichtstafel mit 27 Opalen.

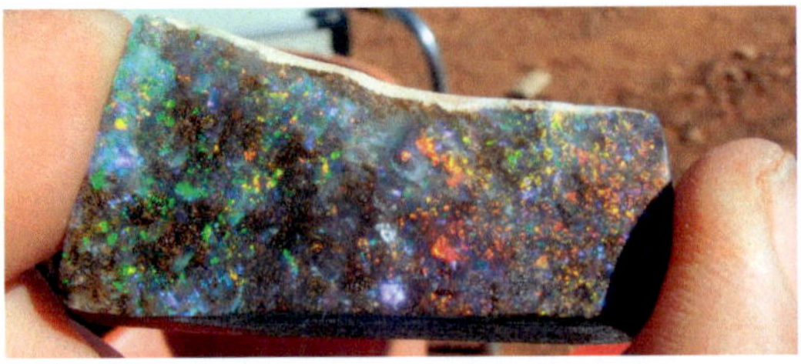
1

2

3

4

5

6

7

8

9

10

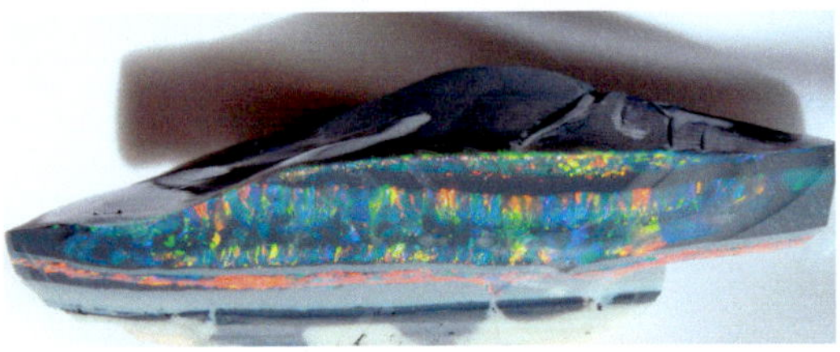
11

12

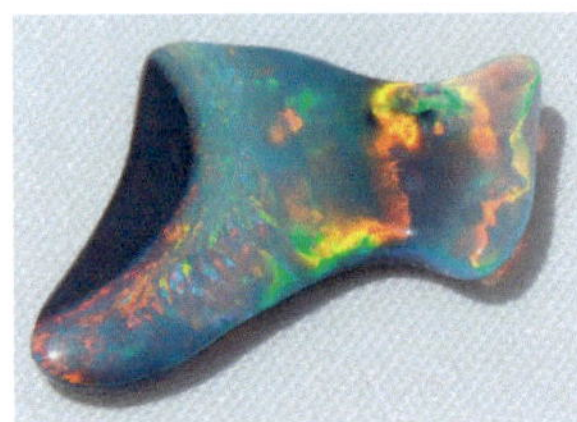
13

(Fotos mit C.R.: © Christine Roussel)
1 Boulder-Opal aus Yowah; 2 Matrix-Boulder-Opal; 3 Yowah-Nuss; 4 Gefasster Yowah-Opal, gewann den 3. Preis im Designwettbewerb von Yowah; 5 Opalisierter Dinosaurierknochen; 6 Eine Auswahl heller Opale (C.R.); 7 Dunkle Opale die auf gute Steine hoffen lassen; 8 Angeschliffener dunkler Opal; 9 Zwei wunderschöne Schwarzopale ungeschliffen (C.R.); 10 Hier ist der große Opal schon etwas vorgeschliffen (C.R.); 11 Schwarze Schönheit (C.R.); 12 Opal mit Harlekinmuster (C.R.); 13 Schwarzer Opal mit rolling flash, beweglichem Farbmuster

14

15

16

17

18

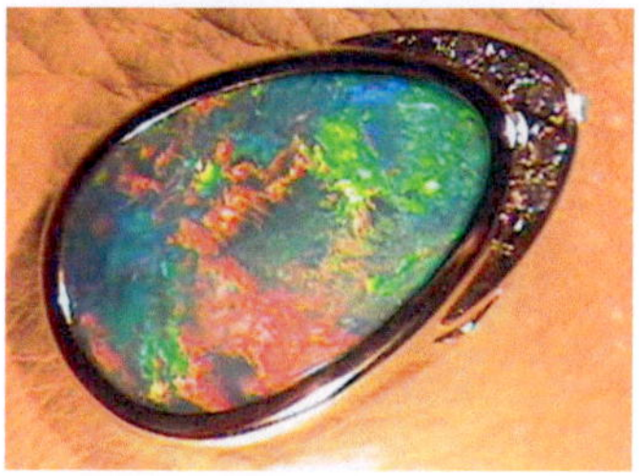

19

20

21

22

23

24

25

26

27

14 Schwarzer Opal aus Lightning Ridge 123 ct. (C.R.); 15 Ein Pärchen schwarzer Opale (C.R.); 16 Dunkler Opal in einem Designerstück; 17 Designerstück (C.R.); 18 Schwarzer Opal gefasst in Gelbgold; 19 Opal aus eigener Mine 21 ct. mit Gold; 20 Dunkler Opal 7 ct.; 21 Schwarzer Opal 3 ct.; 22 Gravurarbeit von Christine Roussel (C.R.); 23 Opalblatt von C.R. graviert (C.R.); 24 Dunkler Kristall-Opal geschliffen von C.R. (C.R.); 25 Gravur von C.R. aus blauem Schwarzopal (C.R.); 26 Rot – die wertvollste Farbe auf schwarzem Untergrund. Gravur von C.R. (C.R.); 27 Ein schönes Muster (C.R.)

4. Klassifizierung der Edel-Opale

Edel-Opale erkennt man an ihrem Farbspiel. Eine Ausnahme bilden hier die Feuer-Opale, die zwar zumeist kein Farbenspiel aufweisen, aber wegen ihrer Klarheit dennoch zu den Edel-Opalen zählen. Die Klassifizierung bezieht sich auf solide Opale, also nicht auf zusammengeklebte Steine wie Dubletten oder Tripletten.

Zum Begutachten eines Opals sollte man immer das Licht im Rücken haben. Man dreht den Stein, um ihn von allen Seiten und Winkeln aus zu betrachten. Oft zeigen Opale ihre Farbe nämlich nur aus bestimmten Winkeln, was ihren Wert natürlich mindert.

Boulder-Opal (Queensland)

Boulder-Opal besteht aus braunem, gelegentlich auch schwarzem limonithaltigem Stein. Sein Name weist bereits auf die Eigenart dieser Opal-Art hin: die Verbindung von limonithaltigem Gestein mit Opal. Er bezieht sich auf *boulder*, zu deutsch Felsblock, Gesteinsklumpen, Brocken, denn der Boulder-Opal wird in kleineren oder größeren Gesteinsbrocken von 1 cm bis zu 3 m Größe gefunden, ist also ein Opal im Muttergestein. Das Muttergestein umhüllt die Schönheit und Farben dieses Opals.

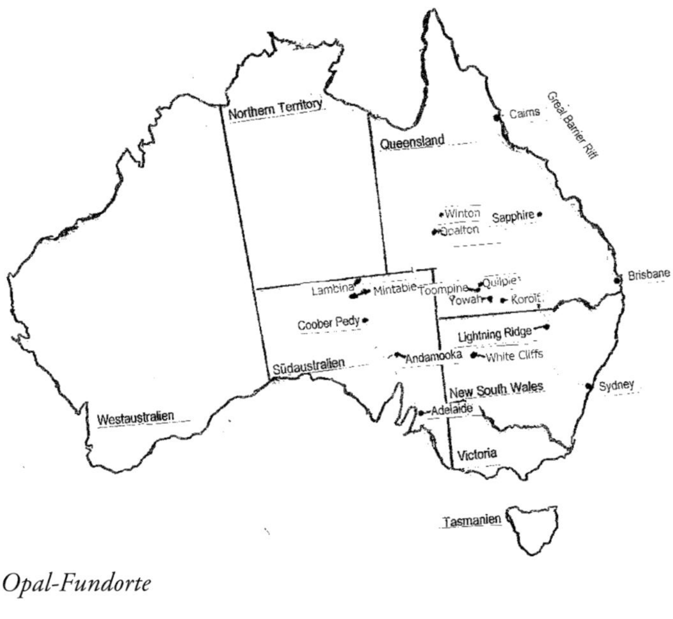

Opal-Fundorte

Die Boulder-Opale kommen aus Queensland im Nord-Osten Australiens. Dort werden sie in der so genannten *Winton Formation*, einem Gebiet von 300 × 1000 km, aus einer Tiefe von einem bis zu 40 Metern geholt. Dieses Gebiet liegt in einem 300 km breiten Gürtel, der sich von der Grenze zu New South Wales in nordwestlicher Richtung bis nach Kynuna zieht, über eine Länge von 1000 km. In diesem Gürtel liegen berühmte Opal-Orte, wie etwa Winton, Quilpie, Opalton, Koroit, Yowah und Toompine.

Boulder-Matrix-Opal

Hier findet man auch einen der härtesten Opale, abgesehen vom Schwarzen Opal: den Boulder-Matrix-Opal. So bezeichnet wird ein Opal dann, wenn das Muttergestein, der *boulder*, mit leuchtenden Opalpunkten oder -flecken oder Rissen übersät ist.

Es gibt hellen, dunklen und schwarzen Boulder-Opal, je nach der Farbe des Muttergesteins, wobei der schwarze Boulder-Opal wie erwähnt sehr selten vorkommt.

Yowah Nut

Eine spezielle Art des Boulder-Opals ist die *Yowah Nut*, die Yowah-Nuss. Es ist ein leuchtender, von Muttergestein in einer Kugel- oder Nussform umgebener Opal. Im Rohzustand sieht man nur das nussförmige, braune Gestein, die Farbe verbirgt sich im Inneren. Wird die Nuss in zwei Hälften geteilt, entweder mit dem Hammer aufgeschlagen oder mit der Diamantsäge zersägt, und weisen beide Hälften dann Farbe, also Opal auf, nennt man dies einen *split* (dt.: Teilung, teilen).

Yowah-Nuss

Die sehr seltene Yowah-Nuss wird auf der ganzen Erde nur in Yowah, Queensland gefunden.

Opalmatrix

Opalmatrix

(Nicht zu verwechseln mit dem nur in Queensland vorkommenden, von Mutterstein umgebenem Boulder-Opal, dem oben beschriebenen braunen, limonithaltigen Stein (*ironstone*), der Opaleinschlüsse enthält!)

Bei Opalmatrix handelt es sich um kleine, in Mutterstein eingeschlossene Opale mit manchmal schönem Farbenspiel. Oft werden diese Opale nach dem Schleifen mit einer Zuckerlösung gebrannt, was ihnen eine schwarze Farbe verleiht, welche die Opalfarben besonders zur Geltung bringt.

Heller Opal

Als helle Opale bezeichnet man alle durchsichtigen bis milchigen und weißen Opale. Der *light opal* wird in Südaustralien gefunden. Andamooka, Cooper Pedy, Mintabie, Lambina, White Cliffs und Lightning Ridge sind die bekanntesten Fundorte für die hellen Opale. Diese sind die am häufigsten geförderten Opale, und man unterscheidet dabei drei Arten: Kristall-Opal, Milch-Opal und Jelly-Opal.

Kristall-Opal

Kristall-Opal

Dieser Opal besticht durch seine Transparenz. Mit der Bezeichnung „Kristall" ist hier keine kristalline Struktur gemeint, die der Opal ja nicht besitzt, denn er ist entweder amorph (gestaltlos) oder besteht aus mikrokristallinen Kügelchen. Gemeint ist vielmehr die Klarheit und Transparenz dieses Steins, dessen Farbenspiel auch noch im Innern zu sehen ist. Meist kommt der Kristall-Opal aus Südaustralien. Besonders berühmt und rein sind die Funde von Andamooka, aber auch in Lightning Ridge wird schöner Kristall-Opal gefunden.

Milch-Opal ist durchscheinend bis milchig weiß. Er wird am häufigsten gefunden.

Jelly-Opal (*jelly* = dt. Gelee) wirkt geleeartig und klar. Sein Farbenspiel ist eher diffus.

Milch-Opal

Splitter von hellem Opal (Chips)

Dunkler Opal

Dunkler Opal

Der Untergrund dieses Opels ist dunkelgrau. Dadurch ist das schöne Farbenspiel hervorgehoben und besonders deutlich. Graue Opale kommen meist aus Lightning Ridge. Früher wurden auch große Mengen in Mintabie gefunden, sehr selten aber wird ein dunkler Opal in Andamooka gefunden

Schwarzer Opal

Schwarzer Opal

Dieser Opal hat eine schwarze Körperfarbe, das heißt, der Untergrund oder das Muttergestein ist schwarz, was die Opalfarben besonders gut hervortreten lässt. Dabei kann der Opal durchsichtig bis undurchsichtig sein. Durch den *potch*, den schwarzen Untergrund, kommt die Farbe des Opals wie von innen angestrahlt leuchtend zur Geltung. Schwarze Opale kommen meist aus Lightning Ridge und Umgebung. Vereinzelt werden sie auch in Südaustralien, Nevada/USA und Indonesien gefunden.

Lightning Ridge ist ein magischer Ort, ein Kraftplatz. Der Boden hier und in der Umgebung enthält zudem sehr viel Eisenstein, was weiter zu der kraftvollen Energie des Ortes beiträgt. So hat auch der hier gefundene Opal eine besondere Ausstrahlung. Er ist sehr ausdrucksstark und manchmal von einer geradezu überirdischen Schönheit. Der schwarze Opal ist für mich und die meisten Opalkenner der König unter den Opalen! Wer einmal einen schönen schwarzen Opal gesehen hat, der weiß, dass dieser Stein in seiner Schönheit und Ausstrahlung unübertroffen ist.

Feuer-Opal

Feuer-Opale

Der Feuer-Opal wird zwar nicht in Australien, sondern hauptsächlich in Mexiko gefunden, der Vollständigkeit halber jedoch führe ich ihn hier dennoch auf. Schon die Azteken und Mayas verwendeten den Feuer-Opal wegen seiner Schönheit für Schmuck und Kultgegenstände.

Dieser Opal enthält Spuren von Eisenoxid und hat eine Körperfarbe von hellem Gelb über Orange bis hin zum dunklen Rot. Er hat fast immer eine gute Transparenz.

Feuer-Opale *ohne* Farbenspiel (auch *vidrio* = Glas genannt) kommen meist facettiert in den Handel. Feueropale *mit* Farbenspiel werden überwiegend als Cabochons geschliffen.

Da Feuer-Opale nicht sehr hart sind und auch anfällig für Säuren und Laugen, sollten sie besonders pfleglich behandelt werden und eine schützende Fassung bekommen. Matt gewordene Feuer-Opale kann man jedoch nachpolieren.

5. Die Ausstrahlung des Opals

Der Opal zeigt die größte Farbenvielfalt in der Welt der Edelsteine. Alle Farben des Regenbogens können sich in den verschiedenen Steinen zeigen und sind manchmal sogar in einem einzigen Stein enthalten. Diese Farbenfreude spricht natürlich besonders kreative und lebensfrohe Menschen an. Opal in seinen unterschiedlichen Facetten regt die Fantasie und Ausdruckskraft an. Opalschmuck zieht die Aufmerksamkeit auf sich und lässt seinen Träger etwas mehr leuchten.

Seit alters her wurde den Edelsteinen eine besondere Kraft zugesprochen, die sie auf den Menschen übertragen. So waren Schmuckstücke, Amulette oder einzelne Steine schon immer mit einer bestimmten Wirkung für jene verbunden, die diese Steine – sei es als Schmuck oder Einzelstein – besaßen. Denken wir nur einmal an den Ring des Papstes, die Krone von Königen, den Türkis-Schmuck der Navajos oder Tibeter. Vieles gäbe es dazu zu berichten. Wir wollen uns aber wieder dem Opal zuwenden. Aus meinen langjährigen Erfahrungen in der Edelstein-Praxis möchte ich Ihnen nun kurz einiges über die Ausstrahlung und Wirkung der einzelnen Opale auf den Menschen erzählen.

Farblose Opale

Fangen wir mit dem einfachen, farblosen Opalgestein an, dem *potch*. Potch kann wie unter den Opal-Arten beschrieben weiß, grau, schwarz, durchsichtig weiß oder gelb sein, manchmal auch eine Mischung von verschiedenen Tönen. Das Gestein sieht aus wie Porzellan. Bei den farbigen Opalen ist Potch auch als Muttergestein zu finden.

Weißer Potch hilft uns, Klarheit zu schaffen, bringt uns in unsere Mitte und verleiht Ausgeglichenheit und Ruhe.

Grauer Potch hilft uns, Feinheiten zu erkennen, unseren Standpunkt besser zu vertreten.

Schwarzer Potch lässt uns zu unserer Stärke finden, verhilft zu mehr Erdverbundenheit und Ausgeglichenheit.

Kristallpotch (durchsichtig) verhilft zu mehr Leichtigkeit, Durchblick und Lebensfreude.

Farbige Opale

Jetzt wollen wir uns den farbigen Opalen in ihren verschiedenen Arten zuwenden. Die Farbintensität und Leuchtkraft ist bei allen Opalen sehr unterschiedlich. Manchmal ist wie erwähnt nur eine Farbe im Stein, manchmal mehrere, und gelegentlich sind sogar alle Farben enthalten. Entsprechend variiert auch die Strahlkraft des Steins, seine Wirkung.

Boulder-Opal kommt zumeist in braunem bis schwarzem Eisenstein vor und bringt durch den dunklen Untergrund die Farben des Opals sehr gut zur Geltung. Er verbindet mit der Erde, kräftigt und fördert die Standfestigkeit. Kreativität und Unternehmungsgeist werden unterstützt. Hier haben wir einen der härtesten Opale. Der Eisenstein umhüllt die Schönheit und Farben dieses Opals, und diese Härte, aber auch die kraftvolle Ausstrahlung des eisenhaltigen Steins überträgt sich auf seinen Besitzer. Die dunkelbraune bis schwarze Farbe des Eisensteins gibt dem Opal eine Ausstrahlung, die beschützend und stärkend ist und uns mit den Kräften der Natur und der Erde verbindet.

Yowah Nut: Nur in Yowah vorkommend, sitzt dieser sehr seltene Opal in dem ihn umgebenden Eisenstein. Wird der Stein aufgeschlagen und befindet sich tatsächlich ein Opal darin, so sieht dieser aus wie ein Auge, umrandet von braunem Eisenstein. So hilft die Yowah-Nuss auch, sich auf das Wesentliche zu konzentrieren und seine Ziele im Auge zu behalten.

Kristall-Opal erfreut uns mit seiner Transparenz und den eingeschlossenen Farben. Er regt uns an, mit Elan, Ideenvielfalt und Leichtigkeit mehr Vielfalt und Freude in unser Leben zu bringen.

Weißer Opal zeigt einen weißen Untergrund mit farbigen Punkten oder Mustern. Er strahlt Ruhe und stille Schönheit aus. Er hilft uns, neue Ziele und Projekte anzupacken und fördert dabei unsere Ideenvielfalt.

Grauer Opal zeigt einen grauen Untergrund mit eingelagerten Farben. Er kräftigt unsere Entschlussfreude und verhilft zu neuen Ideen und mehr Schaffenskraft.

Schwarzer Opal ist der König der Opale. Durch seinen schwarzen Untergrund bringt er die Farben mehr als alle anderen Opale zum Leuchten und zu größtem Ausdruck. Er verleiht seinem Träger Schönheit, Würde und Ausstrahlung. Er regt uns dazu an, große Projekte in Angriff zu nehmen und stärkt dabei unsere Kreativität und Schaffenskraft. Der schwarze Opal fordert uns auf, unsere höchsten Talente und Fähigkeiten zu nutzen und damit große Aufgaben und Ziele anzusteuern. Wer mit diesem Stein arbeitet, darf sich nicht vor spirituellem Wachstum und persönlichen Prüfungen drücken. Mit diesem Opal geht er einen steilen Weg, aber die Belohnung ist immens. Man braucht sich dazu nur die außergewöhnliche Schönheit dieses Steins vor Augen zu führen!

Feuer-Opal: Dieser vor allem in Mexiko gefundene Stein, meist leuchtend orange bis rot und transparent, manchmal mit bunten Farben darin, regt die Energie an. Feuer-Opal fördert dadurch Vitalität, Kraft und Ausdauer. Im rechten Augenblick lässt uns seine Kraft auch schwierige Situationen mit Humor meistern.

6. Aufbewahrung und Pflege von Opal

Gerade über Aufbewahrung und Pflege von Opalen kursieren etliche Fehlinformationen. Hier möchte ich aufklären und Ihnen zudem einige wichtige Hinweise und Tipps geben.

Opal besteht bis zu 10% aus Wasser. Daher wird oft befürchtet, dass der Stein austrocknen oder reißen könnte. Jedoch ist der australische Opal mit einer Härte von 5 bis 6,5 auf der standardisierten Mohs- Härteskala (von 1 – 10, wobei der Diamant mit 10 das härteste Material ist) ziemlich stabil. Bei normalem Gebrauch wird er nicht beschädigt. Trotzdem sollten Sie für Ihre Opale oder Ihren Opalschmuck die folgenden Aufbewahrungs- und Pflegetipps beachten:

Aufbewahrung

- Legen Sie Opalschmuck für Gartenarbeiten oder beim Umgang mit harten Materialien, die Kratzer verursachen können, ab.
- Schützen Sie Opal vor Chemikalien, auch Haarspray (enthält Lösungsmittel) und aggressiven Flüssigkeiten.
- Bewahren Sie Ihren Opalschmuck oder Opal nicht in mit Watte oder Stoff ausgekleideten Kästen auf. Dadurch kann den Opalen Feuchtigkeit entzogen werden.
- Auch die längere Aufbewahrung in einem Banksafe, Schließfach o.ä. kann den Opal schädigen. Nehmen Sie ihn ab und zu heraus und gönnen ihm ein Wasserbad. *Dubletten*, auf einen Untergrund aufgeklebte Opale, sollte man jedoch nicht ins Wasser legen, da dies den Kleber lösen könnte.
- Es ist aber keineswegs nötig, den Opal in Wasser aufzubewahren. Wenn Sie ihn für längere Zeit gut aufbewahren möchten, packen Sie ihn in ein dichtes Plastiktütchen und fügen ein paar Tropfen Wasser hinzu. Sie können ihn aber auch in ein Stück Leder, Wildleder oder Seidenpapier einschlagen.
- Bei Aufbewahrung von Opalen in einer Vitrine oder im Schaufenster sollte immer ein Gläschen mit Wasser dazugestellt werden, was die Luftfeuchtigkeit erhöht.
- Am besten tragen Sie Ihren Opalschmuck öfters, denn durch die Hautfeuchtigkeit fühlt sich der Opal wohl.

Pflege

- Zum Reinigen waschen Sie den Opal in handwarmem Wasser, eventuell auch mit einem milden Shampoo. Danach mit handwarmen Wasser klarspülen und mit einem weichen Tuch trocknen. Bitte Ihren Opal *nicht* im Ultraschallbad reinigen! Und wenn Sie Ihre Hände mit heißem Wasser waschen, legen Sie Opalringe lieber vorher ab.
- Vermeiden Sie vor allem große Temperaturunterschiede, wenn Sie Opalschmuck tragen. Obgleich Opal schon Hitze vertragen kann – denn in Australien ist es ja auch heiß -, so können doch plötzliche starke Temperaturschwankungen den Opal beeinträchtigen, etwa wenn Sie aus starken Minusgraden in beheizte Räume kommen.
- Am häufigsten werden Opale jedoch durch Stoß, Schlag oder Herunterfallen beschädigt. Gehen Sie daher behutsam mit Ihrem Opalschmuck um, und er wird es Ihnen mit funkelnder Farbenpracht danken.

7. Opal – aus der Erde oder dem Labor?

Der Wert und das glanzvolle Farbenspiel des Opals haben versierte Unternehmer immer wieder dazu verlockt, diesen edlen Stein auch künstlich herzustellen. Wir unterscheiden hier den synthetischen Opal, die Opal-Imitate und die gefärbten Opale.

Synthetische Opale

Synthetische Opale werden im Labor hergestellt. Sie sollen chemisch wie auch physikalisch dem natürlichen Stein entsprechen. Die ersten synthetischen Opale wurden bereits Anfang des 20. Jahrhunderts in Deutschland hergestellt. Aber nicht für den Handel. Da Opale kein Kristallgitter aufweisen, wie die meisten anderen Edelsteine, sondern einen gleichmäßigen Kugelaufbau haben, war es zunächst schwierig, den Opal künstlich herzustellen. Aber die Firmen Gilson in Frankreich und Kyocera in Japan entdeckten dafür geeignete Verfahren, die sie auch patentieren ließen. Ihre Opale werden als Gilson-Opal bzw. Inamori-Opal gehandelt. In den 90-er Jahren kamen auch synthetische Opale aus China auf den Markt.

Gilson-Opal (synthetisch)

Inzwischen ist man dem Geheimnis des Opalwachstums auf die Spur gekommen, was dazu führen wird, dass synthetischer Opal von hoher Qualität auch im Labor hergestellt werden kann. Der Forscher Professor Lewis Chadderton von der *Australian National University* meint, man könne in Zukunft Opale in allen Farbvarianten züchten.

Zu Beginn waren synthetische Opale noch leicht von den echten zu unterscheiden, aber heutzutage sind sie so gut gemacht, dass die Unterscheidung für den Laien sehr schwierig geworden ist. Ein seriöser Händler wird natürlich seinen Kunden reinen Wein einschenken, wenn es sich bei dem fraglichen Opal um eine „Synthese", einen künstlichen Opal handelt. Ich möchte Ihnen hier dennoch einige Hinweise geben, wie ein synthetischer Opal von einem echten Opal zu unterscheiden ist:

- Wenn ein Stein *besonders leuchtende Farben* hat und ein ziemlich *gleichmäßiges Muster*, sollten Sie vorsichtig sein. Lassen Sie sich sagen (und ggf. schriftlich bestätigen), ob es sich um einen natürlichen oder um einen synthetischen Opal handelt.
- Auch der *Preis* ist ein Unterscheidungsmerkmal: Ein natürlicher Opal mit besonders leuchtenden Farben und guter Qualität ist in der Regel sehr teuer.
- Synthetische Opale können sich etwas leichter anfühlen als natürliche Opale.

Geschliffener synthetischer Opal

Möchten Sie einen Opal oder Opalschmuck erwerben, so kaufen Sie bei einem Händler, zu dem Sie Vertrauen haben und der Ihnen auch ein Zertifikat über die Echtheit des Steins gibt.

Opal-Imitate

Im Unterschied zu synthetischen Opalen (Synthese) hat eine Opal-Imitation nicht die gleiche chemische Zusammensetzung wie der natürliche Opal.

Anfang des 20. Jahrhunderts produzierte eine französische Firma Opal-Imitationen aus Plastik, die einen rosa Hintergrund mit bläulichem Farbenspiel hatten.

Bessere Imitationen waren später die aus Glas hergestellten Imitate der Firma Slocum, *Slocum-Steine* genannt. Diese Opal-Imitationen gibt es in allen Farben, mit großen und kleinen Mustern, und manchmal sind sie tatsächlich schwer von echten Opalen zu unterscheiden. Ein Hinweis hier: Wenn der Opal ein etwas *unnatürliches Feuer* hat und das Feuer im *unteren Drittel* des Steines zu sehen ist, könnte es sich um einen Slocum-Stein handeln.

Dann gibt es noch den so genannten *Opalit.* Er kommt aus Hongkong, ist sehr helltransparent und hat einen bläulichen Schimmer. Der Opalit ist viel leichter als echter Opal. Ein kleiner Geheimtipp: Man kratzt den Stein an einer verdeckten Stelle mit einer Nadelspitze an – wenn die Nadel eine Spur hinterlässt, ist es kein echter Opal!

In den 70-er Jahren kamen Plastik-Opale aus Japan auf den Markt, die *Neo-Noble-Opal* oder *Pastoral-Opal* genannt wurden. Heute werden sie nicht mehr hergestellt. Diese Imitate sind leichter als natürlicher Opal, haben aber ein ähnliches Farbenspiel.

Gefärbte Opale

Das Muttergestein des Opals wird manchmal dunkel eingefärbt, damit dies die Farben mehr zum Leuchten bringt. Die meisten Opale lassen sich nicht färben. Nur Opalmatrix, das in Andamooka (Südaustralien) zu findende opalhaltige Gestein, lässt sich einfärben: Opalmatrix ist wie oben beschrieben eine feinkörnige Gesteinsmasse aus Kieselsäure, Sand und mal mehr, mal weniger Opal. Sie kann mit einer Zuckerlösung gebrannt und schwarz eingefärbt werden. Dadurch tritt der im Gestein vorhandene Opal farblich besser hervor. Ebenso wird es mit dem *colored concrete* (dt.: farbiger Zement) gemacht, der eine ähnliche Zusammensetzung wie Opalmatrix hat. Er ist jedoch von der Substanz her poröser als Opalmatrix.

8. Ausklang

Eines der schönsten Erlebnisse im Outback und nach der Opalsuche ist für mich … das allabendliche Lagerfeuer! Australier sind gerne in der Natur und lieben offenes Feuer. Und das Beste daran ist, wie bei vielen anderen guten Dinge im Leben: es kostet (fast) nichts. Man sitzt nach getaner Arbeit in der Mine und nach einem Abendessen satt und zufrieden am Feuer, zu zweit oder mit anderen Minern und Freunden. Die Abende im australischen Winter sind oft sehr kühl. So wärmt man sich von vorne wohlig am Feuer und seiner rot leuchtenden Glut und schützt den Rücken mit einer Decke vor der Nachtkälte. Alle blicken – oft auch schweigsam – ins Feuer und beobachten das Spiel der züngelnden Flammen, die in ihrem Flackern eine unendliche Vielzahl von Mustern und Bildern entstehen und vergehen lassen. Eine wahre Feuer-Meditation …

Am Lagerfeuer

Es wird natürlich auch geredet. Und zumeist natürlich über Opal, über Enttäuschungen oder neue Hoffnungen:

„Wir haben schon 10 Meter Gang ausgehoben und sind jetzt endlich auf Spuren (traces) von Opal gestoßen. Vielleicht finden wir ja morgen etwas.“ „ Ich habe letzte Woche aus Versehen einen tollen Opal direkt mit dem Jackhammer zerschlagen, der wäre ein Vermögen wert gewesen!“ „Peter hat letzte Woche einen Opal rot auf schwarz gefunden. Ihm wurden schon 5.000 Dollar dafür geboten. Aber er will ihn einfach noch behalten.“ Und so geht es fort. Diese Gespräche helfen auch weiter durchzuhalten, selbst wenn man schon seit ewigen Zeiten keinen Opal mehr gesichtet hat.

Keiner will das Feuer verlassen. Man trinkt ein paar Bierchen oder einen schönen australischen Wein. Das sind wundervolle Abende. Die Sterne funkeln so klar und nah am dunkelblauen Nachthimmel, dass man meint, sie greifen zu können. Erst wenn die Glut klein geworden ist, verabschieden sich die Miner, und wir ziehen uns in den Schlafsack zurück. So kommt wieder ein Tag auf der Opalsuche im Outback zum Abschluss. Und so wird es für mich in diesem Jahr wieder sein. Die nächste Reise ist schon gebucht.

Danksagung

An dieser Stelle danke ich

Paul, der meine Abenteuerlust neu entfachte und mich in der roten Erde des Outback in das Leben als Miner einweihte. Ihm verdanke ich die ersten Überlebensstrategien und Grundkenntnisse des Schürfens;

meinem Freund *Rick,* der mein Wissen über die schwarzen Opale vertiefte und mir bei manchem Problem zur Seite stand;

meiner Lebensgefährtin *Cornelia,* für ihre Unterstützung beim Schürfen und dafür, dass sie meine Liebe zu den Opalen und meine Reiselust teilt;

Simon, meinem Sohn und gutem Reisekamerad für die gemeinsamen Erlebnisse;

Karin Vial, langjähriger Freundin und Verlagsfrau, die mir mit Liebe und Einfühlung beim Gestalten meines Opal-Buches half;

Karin Lehnhoff, die sich generell und besonders in meiner Abwesenheit um das Edelstein-center „Aquamarina" hier auf Teneriffa kümmert;

mein besonderer Dank gilt *Christine Roussel,* die vielfach für ihre Gravur- und Schleifarbeiten ausgezeichnet wurde. Sie ist eine Meisterin ihres Fachs und hat mir ihr Wissen und ihre wunderschönen Opal-Fotos für dieses Buch zur Verfügung gestellt.

Zum Autor

Helmut G. Hofmann, geb. 1948 in Nürnberg, Diplom-Betriebswirt, selbstständiger Kaufmann und *Profesor de Naturopatia*, Heilpraktiker mit spanischem Diplom. Seit 1977 lebt der Autor mehrerer Bücher zur Kraft der Steine auf Teneriffa, wo er das Edelsteincenter Aquamarina leitet. Als Reikimeister und -lehrer setzt er seit mehr als 15 Jahren Reiki und Edelsteintherapie ein. Sein Wissen von den edlen Steinen fließt auch in die Entwürfe seiner individuell gefertigten, erlesenen Schmuckstücke aus Gold ein. Dieser Schmuck wie auch von ihm persönlich zusammengestellte harmonisierende Edelsteinketten werden über das AQUAMARINA vertrieben. Seit 2000 reist Helmut Hofmann jedes Jahr nach Australien, wo er eine Opal-Mine besitzt. Dort schürft er Opale, tauscht seine Erfahrungen mit anderen Minern aus und genießt das Leben in der ursprünglichen Landschaft des Outback und am Lagerfeuer.

Informationen über persönliche Edelsteinketten und Steine:

Helmut G. Hofmann
Aquamarina – Oceano
E-38240 Punta del Hidalgo, Teneriffa
Spanien
Email: helmut.hofmann@email.de

Bisher vom Autor erschienen

Die Botschaft der Edelsteine, (mit Antje) H. Hugendubel Verlag 1988
Naturkosmetik mit Edelsteinen, (mit Antje) H. Hugendubel Verlag 1989
Orchideen und Edelsteine, (mit A. Korte und Antje) Verlag Hermann Bauer 1992
Gesundheit und Kraft durch Edelsteine, H. Hugendubel Verlag 1993
Edelsteintherapie – kurz & praktisch, Verlag Hermann Bauer 1995
Das Edelstein-Tarot, H. Hugendubel Verlag1996
Das Edelstein-Tarot, Urania Verlag 1996
Edelstein-Meditation, Vertrieb H. Hugendubel Verlag 1996
Die Chakra-Karte, (mit B. Baginski) Quick-Essenz Verlag 1993
Numerologie-Schlüssel, Quick-Essenz Verlag 1995

Der Tarot-Schlüssel, Quick-Essenz Verlag 1995
Der Astro-Schlüssel, Quick-Essenz Verlag 1996
Der Edelstein-Schlüssel, Quick-Essenz Verlag 1996
Der Trennkost-Schlüssel, Quick-Essenz Verlag 1996
Edelstein-Therapie, Video, Verlag Hermann Bauer 1996
12 Sternzeichen-Karten, Urania Verlag 1997
Praktische Einführung in die Edelsteintherapie, H. Hugendubel Verlag 1998
Mit Symbolen intuitiv arbeiten, H. Hugendubel Verlag 1999
Die zauberhafte Welt der Edelsteine, H. Hugendubel Verlag 2005

Glossar

Hier eine Zusammenstellung der wichtigsten im Buch vorkommenden Fachbegriffe:

Boulder-Matrix-Opal – Dies bezeichnet einen Opal, bei dem das Muttergestein, der *boulder*, mit leuchtenden Opal-Punkten oder – flecken oder Rissen übersät und durchsetzt ist.

Bobcat – ein Minibagger.

Claim – (dt.: Besitztitel an einem abgesteckten Schürfgebiet). Ein Claim ist in New South Wales (NSW) meist ein Stück Land mit einer Abmessung von 50 × 50 Metern. Es gibt allerdings auch größere Claims. Vier Pfosten an jeder Ecke markieren das Grundstück. Der Anspruch auf dieses Stück Land wird bei der staatlichen Minenbehörde registriert und durch die Entrichtung einer jährlichen Gebühr für die Nutzung freigegeben.

Colored concrete – (dt.: farbiger Zement). *Colored Concrete* hat eine ähnliche Zusammensetzung wie Opalmatrix, ist jedoch von der Substanz her poröser als dieser.

Dirt road – unbefestigte Sand- oder Schotterpiste.

Down Under – (dt.: *unten drunter*) Hat sich als Bezeichnung für Australien vielerorts eingebürgert. Die Australier selbst bezeichnen ihr Land manchmal auch als *Oz* – nach dem „Der Wizard von Oz" und zugleich als phonetische Abkürzung von „Australia".

Dublette – Eine dünne Schicht geschliffenen Opals, aufgeklebt auf eine dunkle Unterlage. Die Unterlage besteht im besten Fall aus farblosem Opal (Potch), sonst aus Onyx, Obsidian, Limonitgestein, Plastik oder Kunstglas. Potch ist deswegen als Unterlage am besten geeignet, weil er auf Temperaturwechsel genauso reagiert wie der Opal. Somit entstehen keine Spannungen, wie es bei den anderen Materialien möglich ist. Dubletten sind wesentlich billiger als solider Opal. Man erkennt eine Dublette an der seitlichen scharfen Trennung von Untergrund und Opal.

Edel-Opal – Solide Opale mit Farbenspiel

Farbmuster oder Muster – die Zeichnung oder Verteilung der Farben auf dem Opal . Hierfür gibt es fantasievolle Namen, wie Harlekin, Flagstone, Flame, Strohmuster oder Rolling Ribbon, um nur einige zu nennen.

Fossicking – (dt.: herumstöbern. Bes. australisch: in alten Minen nach Gold etc. suchen.). Hier durchsuchen der aus dem Abraum der Minen aufgeworfenen Erdhügel nach Opal. *Fossicking* macht man mit den Händen oder mit einer Schaufel. Der Ausdruck *fossicking* wird auch für die Suche nach Gold oder Edelsteinen an der Erdoberfläche verwendet.

Hoist – Eine Art Flaschenzug oder elektrische Winde. Über die Schachtleiter befördert der Hoist, gezogen von einem Stahlseil, automatisch die Erde in einem riesigen Eimer nach oben und kippt sie über einen Bogen auf einen bereitstehenden LKW. Darauf fährt der Hoist automatisch wieder nach unten in die Mine.

Jackhammer – Ein Presslufthammer oder elektrischer Schlaghammer

Noodle/ to noodle – (abgeleitet von dt.: Nudel, auch Dussel). Die aus den Minen aufgeworfenen Erdhügel werden per Hand oder mit einer Schaufel nach Opalen durchsucht. Diese Tätigkeit wird *to noodle* genannt. Es gibt auch Leute, die das professionell mit so genannten Noodle-Maschinen machen. Der andere in Australien gebräuchliche Ausdruck dafür ist *fossicking*, siehe da.

Opal – Durchscheinender bis durchsichtiger Edelstein. Durch seine Farbvielfalt hat dieser Stein eine Sonderstellung in der Welt der Edelsteine. Er besteht aus Kieselsäure (SiO_2) mit bis zu 10% Wasser. Die verschiedenartigen Anordnungen der winzigen Kieselgel-Kügelchen des Opals brechen das Licht – je nach ihrer Anordnung – auf verschiedene Weise. Durch diese Lichtbrechung entstehen die Farben des Opals. Jeder Opal ist ein Einzelstück, kaum einer gleicht dem anderen. Seine Härte liegt bei 5,5 – 6,5 (auf der Skala von 1-10), manchmal auch darunter.
Der Opal ist seit 1993 der nationale Edelstein von Australien.

Opalmatrix – Kleine, in Mutterstein eingeschlossene Opale mit manchmal schönem Farbenspiel. Oft werden diese Opale nach dem Schleifen mit einer Zuckerlösung gebrannt. Dies verleiht ihnen eine schwarze Farbe, welche die Opalfarben besonders zur Geltung bringt. Vorkommen: Andamooka (Südaustralien), Brasilien, Honduras und Mexiko.

Open cut / open cut mining – Methode des Bergbaus oder Minings, bei dem die Erde bis zum opalhaltigen Grund ausgebaggert wird. Dann wird das Loch so weit vergrößert bis man den ganzen opalhaltigen Grund entnommen hat. Diese Methode ist sehr teuer, weil große Maschinen mit hohem Benzinverbrauch dafür erforderlich sind.

Outback – Das australische Hinterland oder weitab von bevölkerten Gegenden liegende Gebiete in Australien. Fast Dreiviertel von Australien sind Outback.

Pokies – Pokermaschinen, Spielautomaten

Potch – gemeiner Opal ohne Farbe. Potch kann, wie unter den Opal-Arten beschrieben, weiß, grau, schwarz, durchsichtig weiß oder gelb sein, manchmal auch eine Mischung von verschiedenen Tönen. Das Gestein sieht aus wie Porzellan. Bei den farbigen Opalen ist Potch auch als Muttergestein zu finden.

Preis von Opal – Die Preisgestaltung eines Opals ist eine komplexe Angelegenheit. Vereinfacht gesagt: je schöner und leuchtender die Farbe des Opals ist, desto kostbarer und teuerer ist er. Der Untergrund, also die Körperfarbe des Opals, spielt hier eine Rolle, denn je dunkler der Untergrund, desto mehr kommen die Farben zur Geltung – und desto mehr kostet der Stein. Außerdem spielen noch Gewicht, Farbmuster, Verarbeitung und Schliffqualität eine Rolle bei der Preisgestaltung. Sowie Angebot und Nachfrage.

Ratter – (abgeleitet von engl. *rat* = Ratte), Opal-Diebe. Ratters schleichen sich zumeist des Nachts in eine fremde Mine ein. Ihre Absicht ist es, auf leichterem Wege und ohne eigene Kosten an Opal zu kommen, nämlich auf Kosten anderer – durch Diebstahl.

Road Train – Bis zu 53 Metern langer Lastwagenzug mit mehreren Anhängern. Dient meist zur Versorgung entlegener Gebiete in Australien. Zum Ausbremsen eines beladenen Road Trains auf ebener Strecke braucht man mindestens einen Kilometer.

Split – (dt.: spalten oder teilen) Das Spalten oder Zerteilen opalhaltiger Boulder-Opale oder Yowah-Nüsse. Dies geschieht mittels Hammer oder Diamantsäge. Dadurch erhält man zusammenpassende Paare (Hälften), die ein ähnliches Farbmuster zeigen.

Slip – Ein schräger, horizontaler Gesteinseinbruch

Triplette – Besteht aus Untergrund, Opalschicht und transparentem Oberteil. Sie hat, wie die Dublette, einen Untergrund aus farblosem Opal (Potch), Onyx, Obsidian, Limonitgestein, Plastik oder Kunstglas. Bei der Triplette jedoch wird nur eine hauchdünne, flache Opalschicht auf die Unterlage geklebt. Darüber kommt eine durchsichtige Oberschicht aus Hartglas, Bleiglas oder farblosem Kunststoff, und das Ganze wird mit transparentem Kleber zusammengeklebt. Durch dieses Verfahren ist zum einen die dünne Opalschicht geschützt, und zum anderen wirkt die Opalscheibe durch das durchsichtige Oberteil durch eine Linse vergrößert und schöner. Man erkennt die Triplette leicht an der transparenten Oberschicht.

Yowah-Nuss /Yowah nut – In Yowah, West-Queensland vorkommendes opalhaltiges Gestein, meist Eisenstein, in der Form einer Mandel oder Walnuss. Es gibt sie in jeder Größe bis etwa Faustgröße. Beim Aufbrechen oder Zersägen einer Yowah-Nuss kann, wenn man viel Glück hat, in der Mitte Opal zutage kommen. Dann leuchtet einem aus den beiden Hälften der „Nuss“ Opal entgegen, umgeben von braunem Muttergestein. Die Yowah-Nuss wird in Yowah, West-Queensland gefunden.

Ganz speziell für Sie stelle ich auf Wunsch eine **persönliche Edelsteinkette** zusammen.

Die Edelsteine für die Kette werden aus über 40 verschiedenen Steinsorten ausgewählt und für Sie getestet. Mit einer speziellen Testmethode finden wir die für Sie verträglichen und für den jetzigen Lebensabschnitt besonders geeigneten Steine. Dann stelle ich Ihre Kette intuitiv nach Muster, Farbe und Rhythmus zusammen. Die für die Kette verwendeten Steine und ihre Reihenfolge werden im „Steindiagramm" festgehalten, das Sie zusammen mit Ihrer Kette zugeschickt bekommen.

Für die Bestellung brauche ich Ihre Adresse und Ihr Geburtsdatum.
Eine Kette kostet 220 Euro incl. Versand. Preise für Herrenketten, längere Ketten und Kinderketten auf Anfrage.

Jede Kette ist verschieden und harmoniert mit dem Besteller der Kette. Die beiden Hälften der Kette sind symmetrisch und ich versuche immer, auf beiden Seiten jeweils sich entsprechende Steine (in Größe, Form und Farbe) zu verwenden. Die Steine haben einen Durchmesser von 4 mm und die Kette ist 42 cm lang und hat einen Goldverschluss (auf Wunsch auch Silber).

Allgemein wirken die Edelsteinketten ausgleichend und ergänzend auf den feinstofflichen Zustand von Körper, Geist und Seele und vervollkommnen die Persönlichkeit. Bei Pendeltests durch Wünschelrutengänger ergab sich eine Verstärkung der Ausstrahlung (Aura) des Kettenträgers um das Drei- bis Fünffache. Wünschenswerte Talente und Züge in Hinsicht auf das Lebensziel werden verstärkt. Edelsteine nehmen unsere Energie auf, harmonisieren unsere Schwingungen und geben sie gebündelt an uns zurück. Sie wirken als Katalysatoren, die Reaktionen auslösen und die Selbstheilungskräfte beschleunigen.

Natürlich sollten Sie Ihre Kette möglichst oft oder ständig tragen. Ob Sie die Kette nachts ablegen, sollten Sie selbst entscheiden, normalerweise empfehle ich es.

Wenn Ihre Kette unangenehm ist oder drückt oder wenn sie entzwei gegangen ist, haben Sie sich verändert. Sie haben Ihren Problemen gegenüber eine andere Haltung eingenommen. Dies bezieht sich auf Körper, Geist und Seele. Ihre Kette wird dann von uns neu getestet. und Ihrem jetzigen Zustand angepasst, der nächsten Stufe Ihn Harmonisierung.

Oft werden wir durch die Steine in der Kette klarer mit unseren Problemen konfrontiert, als auch mit unseren Lebensaufgaben, die uns unserem Lebensziel, unserem Lebenssinn näher bringen. Karmische Aufgaben können wir so besser bewältigen. Jeder Schritt nach vorn bedeutet Selbsterkenntnis, sich selbst anzunehmen. Erst dann können wir alte Gedankenmuster loslassen und unsere Lebensaufgabe annehmen. Haben wir eine neue Stufe der Harmonisierung erreicht, muss die Edelsteinkette erneuert werden. Einige Steine haben Ihre Arbeit geleistet und werden nicht mehr gebraucht, weil andere Aufgaben anstehen und dafür andere Steine, andere Farben, ein anderer Rhythmus oder Farbverlauf tätig werden müssen. Bei starker Belastung, Abnutzung oder Beschädigung können Sie Ihre Kette zur Renovierung und zum neuen Austesten schicken (per Einschreiben).

Insgesamt sei gesagt, je harmonischer ein Mensch ist, desto mehr Edelsteine kann er vertragen.

Bestellungen (auch von Opalen) und Informationen bei:

Helmut Hofmann
Aquamarina – Oceano
E-38240 Punta del Hidalgo
Teneriffa, Spanien
Email: hghofmann@web.de

Simon Hofmann
Aquamarina Hotel Maritim
Calle Burgado, 1
E-38410 Los Realejos
Teneriffa, Spanien
Email: simon_hofmann_02@web.de

Cornelia Apel
Aqua Aura Canary Center 4
E-38400 Puerto de la Cruz
Teneriffa, Spanien
Email: aqua-aura.cornelia@web.de
www.aqua-aura.de